化學的未來視界！

科技進步的交匯點，從基礎研究到產業應用

金湧 主編

楊基礎 執行主編

U0058840

碳奈米管到石墨烯，開啟新材料科學的大門，引領未來技術革命

數位化工程 × **材料科學** × **環境保護技術**

從虛擬過程工程的創新法到觸膜世界的分離技術，
再到碳奈米管與石墨烯等新材料的開發……
跨學科全新視角，看化學工程如何推動科學進步和技術革新！

目錄

目錄

03
碳奈米管：架起通往太空的天梯
Carbon Nanotubes: Super Nanomaterial for Space Elevator

04
石墨烯：新材料之王

Graphene: King of New Materials

05
百變高分子：變化萬千、效能各異的高分子世界

The Diverse World of Polymers: Various Structures Create Marvelous Properties of Polymers

目錄

06

太陽燃料：人工光合成生產太陽燃料

Solar Fuel: Artificial Photosynthesis for Solar Fuel Production

07

礦化固碳：藉助自然法則與化學工程的力量

Mineral Carbonation to Sequester CO2: The Way of Nature and Chemical Engineering

08
手性之謎：從藥物分子到生命和宇宙
Mystery of Chirality: Not Only the Drug Molecules But Also the Life and Universe

09
人工酶：站在數學、化學與生物科學的邊界之上
Artificial Enzyme: Standing on the Boundary of Mathematics, Chemistry and Biological Science

目錄

10
食物之魅：基於化學物質的食物色香味探尋之旅

The Charm of Food: The Exploration Trip of Food Color, Flavor, and Taste Based on Chemical Compounds

前言

　　聚集化學化工領域的專家學者為年輕學生如高中生、大學一年級新生及社會大眾，專門編寫本書是為了反映現代化學化工科技進步在人類社會中的重要作用，及對人類生活的重要影響。力求化學和化工的重大作用被社會大眾公正認知，扭轉大眾尤其是年輕學生對化學化工的恐懼和偏見，讓他們從科學和工程的全新視角，看到不一樣的美麗化學和美麗化工，吸引更多的年輕人投身化學化工的學習和研究，並能立志終生從事化學化工事業。

　　「數位化工」介紹了數學和電腦在現代化學工程學科中的重要作用。在傳統認知中，化工是偏重於實驗的技術科學，但是隨著數學和電腦的迅速發展，化學工程師越來越多地運用大量精準的數學模型和電腦模擬，深入探究化工過程中的流動、傳熱、傳質與反應規律，實現反應器的精準設計、穩定調控和可靠執行。透過典型流動體系模擬與虛擬過程平臺及應用例項，揭示了化工研發新模式 —— 數位化工 —— 對於實現綠色智慧過程製造的重要意義，並呼籲年輕學子積極迎接這一機遇與挑戰。

　　「觸『膜』世界」介紹了膜技術是解決資源匱乏、能源短缺、生態環境惡化、醫療醫藥等重大問題的新技術之一，膜產業是 21 世紀的朝陽產業。為了普及膜技術知識，幫助讀者初步了解膜的功能及用途，本章介紹了分離膜及膜分離過程，簡述了膜的種類、結構與效能、膜的製備方法、發展歷程及主要膜過程的特點。介紹了膜技術在水處理、氣體分離、能源、健康醫療等典型領域中的應用案例，分別綜述了膜在該領域

的應用狀況，列舉了工程應用例項，並展望了膜技術未來的發展方向。

「碳奈米管」介紹了這種新興的奈米碳材料的發現與製備的起因背景，簡述了碳奈米管製備的主要科學原理、不同結構的碳奈米管生長和製備的控制機制，描述了碳奈米管如何實現產業化。本文還從結構與效能關係和應用角度，討論了碳奈米管的強度特性、導電特性、半導體效能，儲能應用等。闡述了碳奈米管作為奈米粉體的使用安全問題。最後對未來的應用前景進行了展望。

「石墨烯」描述了人類文明的發展與使用材料的進步是齊頭並進的。21 世紀初，石墨烯的發現為人們開啟了新材料時代的嶄新大門。石墨烯是由與鉛筆芯成分一樣的碳元素構成，只有一個原子層厚度，但卻擁有其他材料所無法比擬的眾多優勢和效能，被譽為「新材料之王」，短短數年已在全球引發了一場研究熱潮和技術革命。石墨烯為什麼能被寄予如此高的期望？它將如何改造我們的世界，帶領我們邁向下一個發展階段？本章為大家講述石墨烯的前世、今生和未來，解讀石墨烯的發現歷史、特殊性質、製備技術和應用前景。

「百變高分子」介紹了因高分子的化學結構和聚集態結構具有可設計性，所以形成了結構多樣、效能各異的材料。高分子，除了分子量高，還有哪些高明之處呢？或許有人以為，高分子不就是我們耳熟能詳的臉盆、牙刷、拖鞋嗎？那可是太小瞧了高分子！除了衣食住行所見的高分子熟面孔，還有不少「黑科技」後面的材料英雄也是高分子。上天、入地、下海；國防、航太、資訊、電子、醫藥等高技術領域都有高分子大顯身手！本章從這些千變萬化、效能各異的多彩高分子世界中略舉幾例，以饗讀者。親愛的年輕讀者朋友，更多的神奇高分子，等待你來探索和創造！

「太陽燃料」介紹了人工光合成太陽燃料，這是解決能源和環境問題，建構生態文明的途徑之一，但其發展仍然面臨許多科學和技術上的挑戰。自然光合作用是利用太陽能將水和二氧化碳轉化為生物質的過程，其基本原理為建構高效的人工光合成體系提供了重要的理論基礎。發展高效的人工光合成體系，就是實現利用太陽能分解水製氫，或者耦合二氧化碳產生液態太陽燃料。本章內容闡述了從自然光合作用的原理獲得啟發，道法自然，建構高效人工光合成體系生產太陽燃料的基本理念、基本原理和實踐。

「礦化固碳」介紹減少二氧化碳排放的新技術，而碳減排已成為人類的共同使命。礦化固碳，是基於地球大氣演化過程中的「矽酸鹽—碳酸鹽」轉化，將二氧化碳轉化為碳酸鹽而固定並重新利用的途徑。為加速這一地球上古老化學反應的速度，滿足減少二氧化碳排放的迫切需求，化學和化學工程領域的科學家，基於化學鏈的原理建構了新的礦化工藝，透過化學工程的方法為二氧化碳礦化反應量身訂做高效反應器，並降低整個過程的能量消耗，加速自然界的碳循環，讓二氧化碳重返正途。

「手性之謎」以手性為線索，介紹了手性起源，手性概念，手性化合物的製備和手性分子的發展的未來趨勢。圖文並茂地展示了手性世界的奧祕，深入淺出地向讀者講述了神奇的手性世界的故事，解釋了手性分子研究領域充滿活力、生機勃勃的緣由，手性不僅和人類生命、生產和生活的各個方面息息相關，而且存在著很大的潛在研究發展空間。透過揭開手性謎團，為年輕人揭開了一個更為廣闊更加美麗的化學化工世界。相信這會進一步激發他們的學習探究的興趣。

「人工酶」介紹了酶，這是具有生物催化功能的生物大分子，憑藉

其催化效率高、底物專一性強、環境友善等優點,在化工、製藥等行業得到了廣泛的應用。然而,天然酶有限的催化效能不能滿足人們日益增長的需求,需要建構人工酶應用於工業生產中。運算酶設計是近 10 年發展起來的一種創造新酶的技術,能夠充分利用電腦強大的運算能力從頭設計人工酶,用於指導透過基因工程的方法改造天然酶,得到人工酶。本章從酶的發現和認識出發,引出運算酶設計,然後闡明用運算酶設計方法設計人工酶的必要性,接著介紹運算酶設計的分類、理論依據和方法,最後給出運算酶設計的幾個典型的應用案例,展示運算酶設計方法在現代化工和生物醫藥領域中的應用潛力,並指明酶設計未來的發展趨勢。

「食物之魅」介紹了能為我們帶來色香味的食品添加劑。民以食為天,食物除了維持人類生命活動的基本功能外,還為我們帶來了視覺、嗅覺和味覺多方位的享受,展現了無窮的魅力。分子結構多樣的化學物質構成了食物色香味的基礎,而這些提供色香味的化合物的形成離不開各種複雜的化學反應。如今工業化食品在人類的飲食結構中日漸重要,食品工業生產中的保鮮、加工、防腐、增香等都離不開食品添加劑,而化學工程技術是食品添加劑生產以及食品加工的重要基礎。化學與化學工程透過尋找、改造和重組各種分子結構,讓食物更加充滿魅力。未來,食物的尋「魅」之旅將充滿機遇和挑戰,讓我們一起努力,創造更多的人間美味。

本書可用於高中生課內外觀看和閱讀,擴大眼界,拓展知識,也可用於大學一年級新生的化學化工課程,還可用於對大眾進行化學化工科普教育。

01

數位化工：虛擬過程工程

Digital Chemical Engineering: Virtual Process Engineering

01 數位化工：虛擬過程工程
Digital Chemical Engineering: Virtual Process Engineering

　　化學工業就像一頭巨獸支撐著現代社會的生產和發展，在這個龐然大物不斷前行的腳步下，化學工程師用數學模型和電腦為它編寫了前行的引航線，使之逐漸擺脫試錯的笨重步伐，穩健而輕快地陪伴我們走向美好的未來。

　　本文旨在介紹數學和電腦在現代化學工程學科中的重要作用。在傳統認知中，化工是一門偏重於實驗的技術科學，但是隨著數學和電腦的迅速發展，化學工程師越來越多地運用大量精準的數學模型和電腦模擬，深入探究系統中的流動、傳熱、傳質與反應規律，實現反應器的穩定可靠調控和執行。本章透過典型流動體系模擬與虛擬過程平臺及應用例項，展示了一種化工研發新模式 —— 數位化工，探討了其對於實現綠色智慧過程製造的重要意義，並呼籲廣大年輕學子積極迎接這一機遇與挑戰。

1.1
引言

　　你能想像，解一道數學題，就可以讓一座化工廠每年節省成千上萬噸化石原料嗎？你能想像，建構一個數學模型，就可以替代一套化工實驗裝置嗎？你能想像，用電腦模擬，可以讓研究人員遠離危險的實驗操作嗎？

　　如果你很好奇，請隨我們一起走進數位化工的神奇世界！

　　在人們的印象中，化工是一門實驗科學，依賴大量的實驗和經驗。化工生產過程的實現，是一個逐級放大的實驗研究過程。實驗室裡的裝置和工廠實際生產裝置相比規模通常相差很多倍，比如在實驗室中用小巧玲瓏的裝置就可以輕鬆實現的攪拌、加熱、化學反應等操作，在工廠裡往往

需要大型專業機械、熱能動力裝備和反應器來完成。一般而言,當裝置變大時,裡面的物料流動、熱量傳輸、物質傳遞和化學反應情況也會隨之發生比較顯著的變化。這些變化並不能簡單地透過與裝置放大倍數關聯就能預測出來,也就是說變化是非線性的,有的體系中,這種放大的非線性效應還非常強。在把化工實驗室裡做出來的成果擴大到工業規模時,如果只是把實驗室裡可行的裝置和工藝引數簡單放大或套用,那麼實踐結果可能會與預期目標產生難以估量的偏差,所以通常依賴小試、中試、工業示範、工業化等逐級放大的研究過程,在每個層次上進行大量重複性實驗觀測,反覆調整工藝引數,才能獲得最佳化的工藝條件。這個過程耗時耗力,嚴重制約了實驗室成果產業化過程的效率。

此外,許多化工過程在高溫、高壓、高危險條件下進行,例如合成氨、催化裂化、雙氧水的製備等,研發難度大、成本高,一直是困擾化學工程師的難題。人們希望可以少用實際裝置做實驗,降低安全風險,節約資金。隨著化學工程理論的日益完善和電腦技術的迅速發展,對實際化工過程進行模擬計算,在電腦上做化工實驗,引起了化學工程師的廣泛興趣。一種更準確、更高效、更智慧的化工過程開發模式呈現在我們面前,這就是數位化工。

1.2
數學和模擬在化工中的重要作用 ·····················

　　化學工程領域的科學家和工程師一直注重採用數學模型對實際化工過程進行分析計算。在化學工程的發展歷史上,人們首先了解到儘管化工產品千差萬別,生產工藝多種多樣,但如果把這些化工生產過程分解開來

看，很多小的過程在功能上遵循的基本規律是相似的，化學工程師把這些有共性的基本操作稱為單元操作，如流體輸送、加熱、蒸發、精餾、結晶等。然後，科學家們透過對不同單元操作背後所遵循的物理規律做進一步研究和分類，把它們所涉及的物理過程歸納為三種傳遞過程，也就是質量傳遞、動量傳遞和能量傳遞。將這幾種傳遞過程與化學工藝結合，就形成了以傳遞過程和反應工程為基礎的化學工程學科。在歸納單元操作與傳遞原理的過程中，引入了許多物理和數學的模型和方法，使得數學定量分析和電腦應用成為可能，大大促進了化工系統的設計和控制。

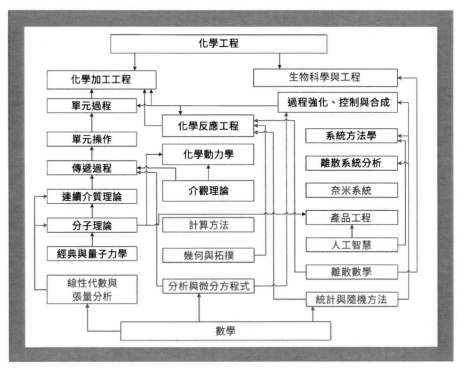

圖 1.1 數學在化工中的應用[1]

　　進入 20 世紀後半葉，數學方法在化工中的應用領域不斷拓寬。2004年，美國普渡大學的拉姆克瑞山（Ramkrishna D.）教授和休士頓大學的阿蒙森（N.R. Amundson）教授聯合撰文[1]，對化工數學 50 年的發展作了回顧與展望，指出數學已經被應用到了化學化工研究的各個領域。從圖 1.1 中可以看到，各種艱深的數學方法，如線性代數、張量分析、微積分、幾何和拓撲方法、微分方程、離散數學、統計和隨機方法、人工智慧方法等，在化學工程的各個分支領域都有應用，像上面說到的單元操作、傳遞過程，還有其他如分子理論、連續介質理論、介觀理論、化學反應工程與反應動力學、過程控制與辨識、離散系統分析等，對奈米系統和產品工程等新興研究領域也造成了推動作用。可以說數學學得好的同學從事化工也大有用武之地。

　　今天，數學方法與電腦技術相結合，在計算分子科學、過程模擬與模型、單元操作模擬與模型、大尺度整合與智慧系統、計算流體力學等化工重要領域發揮著重大作用。藉助數學和電腦，化學工程師能夠從微觀分子到宏觀裝置、過程和工廠的範圍內，在多個尺度上真實地描述化工過程，從而使得化工過程的開發與設計更加方便、快捷和準確，為化工廠的數位化和智慧化生產提供技術支撐。

　　事實上，數位化和智慧化，加上網路化和自動化，共同支撐了我們現在時常能聽到的智慧製造概念，這在各個工業領域的應用方興未艾。為了更容易理解數位化工的內涵，這裡需要對工業類別進行初步的劃分，即離散工業和過程工業。

　　離散工業是指將零部件組裝到一起的生產過程，典型的如製造飛機、汽車和輪船。在這些行業中，主要是機械部件的物理組裝，產品的幾何結構、力學和材料效能、運動部件的自動化控制、機械可靠性等是

01 數位化工：虛擬過程工程
Digital Chemical Engineering: Virtual Process Engineering

主要關心的問題。過程工業是指將原材料經過一系列物理、化學加工過程得到目標產品的行業，典型的如石油、化工、冶金、建材等行業，通常以批次或連續的方式進行生產。

離散工業中生產單元具有獨立性和可擴展性，智慧製造過程較容易實現。而在過程工業中，各個生產單元依次執行，需要關注連續的化學變化過程，調節溫度、壓力等控制引數，實現全流程控制才能保證產品品質，特別是考慮到過程工業中高溫、高壓環境和大量化學品的使用，對過程安全的要求很高。相對離散工業而言，過程工業智慧製造面臨的難度和挑戰更大。

一個過程工業企業特別是化工企業要發展智慧製造，需要利用現代資料技術把多層次資訊進行綜合統籌管理：在操作控制層，主要是利用各類自動化儀器儀表和控制系統來獲取操作即時資料，控制生產操作平穩，進行即時最佳化；在生產營運層面，需要利用生產過程的各種物質、能量、裝置資訊和相關市場資訊，在安全環保的前提下找到經濟效益最大化的生產方案；在經營管理層面，則要對企業的財務、物料、銷售、裝置、人力資源等方面進行資訊化管理。特別是在生產營運層面，人們希望在電腦上要能夠比較準確地模擬各類化工生產裝置的執行變化情況，只有這樣化工廠的智慧化才有可能實現。

隨著電腦技術的蓬勃發展，人們已經將化工技術與資料技術相結合發展出化工流程模擬技術，並開發了大量的模擬軟體。這些流程模擬軟體能夠根據工藝引數如物料的溫度、壓力、流量、裝置引數等，用數學模型描述整合多個操作單元的化工流程，對全過程的物料和能量進行衡算，對工藝進行最佳化和評估。也就是說，在電腦上可以用流程模擬軟體模擬一個化工廠的生產執行並尋找最佳生產方案。不過這些流程模擬

軟體一般只擅長對化工裝置和全廠流程層次進行穩態模擬和分析，就是輸入一組操作條件，能模擬出裝置或工廠對應的穩定執行狀態資料，輸入條件變化則輸出結果隨之變化，但至於從原有穩定狀態是如何變化到新的穩定狀態的，即所謂的動態過程是怎樣的，這些流程模擬軟體就不太擅長了，特別對於化工廠反應器這一核心裝置內部的物料流動、傳熱、傳質和反應的複雜動態變化過程就更不擅長。

隨著軟硬體技術的進一步提高，從滿足各種物理、化學原理的數學模型出發，基於計算流體力學（computational fluid dynamics，CFD）技術、大數據、虛擬實境等科學技術方法，將反應器模型化、數位化，對其中的動態傳遞和反應過程進行三維即時模擬，掌握反應器內的真實物理化學過程，將為最佳化工藝設計、診斷裝置故障等帶來革命性的變化。目前，已經有多種商業的和開放原始碼的計算流體力學軟體應用在化工領域，未來廣義的 CFD 技術在化工研發中還將扮演更為重要的角色。

1.3
流體流動與計算流體力學 ......

▶ 計算流體力學概述

流體流動是化工過程裡的普遍現象，是化工過程數值模擬的主要對象之一，透過展示不同化工裝置內的流體力學狀況和變化規律，對於化工過程及裝置的精準設計和穩定執行至關重要。近年來，數值模擬在化工流動的研究應用日益廣泛。

01 數位化工：虛擬過程工程
Digital Chemical Engineering: Virtual Process Engineering

　　常規的數值模擬過程可以簡單地分為兩個步驟：對於任何一個問題，首先根據其物理化學特性建立相應的數學模型，然後利用數學知識求解各種對應模型。對於常見流體的數值模擬方法，按照採用的流體模型或設計的出發點不同，可以分為三類：宏觀方法、微觀方法與介觀方法。

　　宏觀方法基於流體的連續性假設，並根據質量守恆、動量守恆與熱量守恆等基本物理規律建立起一套偏微分方程式；再透過有限差分、有限體積或有限元等方法對這些方程式進行離散求解，也就是一般所說的計算流體力學（CFD）方法。

　　微觀方法則是建立在分子動力學的基礎上，透過對每個分子各時刻的位置、速度等資訊進行統計來描述流體的宏觀性質。這種方法是基於最基本的分子運動規律，原則上可用於各種流體的模擬。但由於流動體系中的分子數量通常十分龐大，並且計算過程的時間、空間步長需足夠小，才能配對分子運動的特徵，因此模擬過程需要極大的計算量與儲存量，時間與費用消耗都比較高。

　　介觀方法則是一種介於流體連續性假設與分子動力學之間的流動模擬方法，它既具有微觀方法適用性廣的特點，又具有宏觀方法不關注分子運動細節的特點，在精度和計算量上均具有較大的優勢。

　　下面我們首先介紹一下宏觀方法 —— 計算流體力學（CFD）。CFD核心任務就是求解一組描述固定幾何形狀空間內流體流動的所謂流動控制方程式，即流體的動量、熱量和質量方程式以及相關的其他方程式，通常以偏微分方程式形式出現。解這個方程式需要用到很多知識，包括電腦科學、流體力學、偏微分方程式的數學理論、計算幾何學、數值分析等。整體思路就是在空間域上對控制方程式進行離散，也就是把要模

擬的區域進行網格劃分，形成一個個計算單元，在計算單元上把偏微分方程式離散成代數方程式，在施加初始條件和邊界條件後進行數值計算，當數值解的精度達到要求後，即可終止運算並對資料做後處理最終完成模擬過程。

用 CFD 方法模擬流體流動過程就是在電腦上做一次實驗，透過數值模擬再現實際的流體流動過程，獲得某種流體在特定條件下的相關資料。

在 CFD 計算方法出現之前，化工領域的科學研究主要採用實驗測量與理論分析兩種方式，但是實驗測量往往受到實驗模型尺寸、流場擾動、人身安全和測量精度的限制，有時可能很難透過試驗方法得到結果，同時還會遇到經費投入、人力和物力的龐大耗費及週期長等許多困難，而理論研究往往要求對計算對象進行抽象和簡化，才有可能得出理論解，尤其對於非線性情況，只有少數流動才能給出有明確公式表達的解析結果。所以 CFD 是一個非常有力的工具。下面我們看一看用 CFD 來模擬化工廠裡常見的攪拌釜反應器中流體流動的情況。

▶ 攪拌釜模擬例項

在工業應用中經常需要進行流體的攪拌與混合，攪拌釜反應器常應用於石油、礦業、冶金、食品、製藥等化工相關領域。攪拌釜的核心是攪拌槳，常用的形式有槳式、渦輪式、推進式、框式、錨式等，如圖 1.3 所示。由於攪拌釜中存在旋轉的、結構複雜的攪拌槳，以及可能還存在用於換熱的盤管等結構，可以想見釜內流體的流場是非常複雜的，在不同位置流體流動的速度、溫度分布差別較大。而要測量這些區域性流場人們又缺乏方法，想知道用什麼樣的槳、轉速多快最合適，哪裡是攪拌

混合的「死區」等，靠實驗就比較難回答。攪拌釜內的流動、傳熱資訊缺乏，制約了對攪拌釜反應器效率及產品品質的提高。

　　藉助 CFD 方法，可以快速計算出不同攪拌槳、不同操作條件下反應器內流體的速度分布、壓強分布、相含率分布等，為攪拌槳和反應器的設計及操作提供重要依據。圖 1.4 是對一個帶換熱蛇管的攪拌釜模擬結果，模擬不僅可以得到速度場資訊，還可以得到溫度場資訊，如圖 1.5 所示。

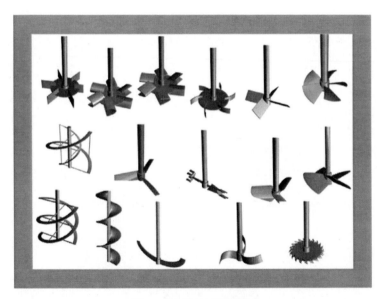

圖 1.3 攪拌槳結構示意圖

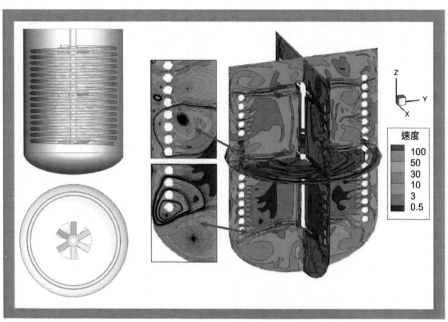

圖 1.4 帶換熱蛇管的攪拌釜模擬結果截圖 [2]

左：結構示意圖；右：渦量圖

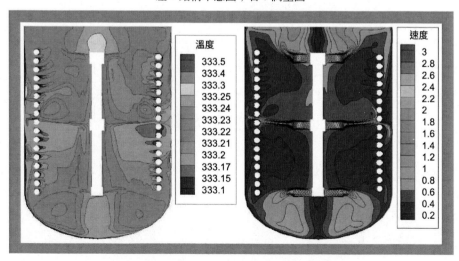

圖 1.5 攪拌釜模擬的溫度場和速度場分布截圖 [2]

左：溫度場；右：速度場

1.4
顆粒運動 ··

　　顆粒加工是另一類典型的化工過程，在醫藥、食品、石化、冶金等領域有廣泛應用，大量的顆粒及粉末狀固體物料被作為原料、新增劑及能源物質使用。顆粒在流動過程中可能形成各式各樣的模式，深入理解顆粒體系及顆粒流動機理，對工業生產有重要的指導意義。與流體不同，顆粒系統是離散的，涉及的顆粒數量龐大，顆粒的形狀、硬度、黏結性的差異等，都增加了顆粒運動的複雜性，很難用實驗方法展開研究。

　　研究人員開發了很多數學模型對顆粒運動進行描述，其中最具代表性的是離散單元法（discrete element method，DEM）。離散單元法與前面提到的微觀方法類似，透過追蹤每個顆粒的運動，獲得顆粒體系演化的規律。離散單元法的核心是建立固體顆粒體系的引數化模型，準確地描述顆粒之間的相互作用，從而進行顆粒行為模擬和分析。模型一般分為硬球模型和軟球模型兩種。其中，軟球模型在處理顆粒碰撞時考慮了顆粒可能發生的微小形變，比較符合顆粒運動的真實特性。顆粒的運動方程式遵守牛頓第二定律，能夠描述顆粒的平動行為和轉動行為以及顆粒之間的相互作用。下面我們來看兩個顆粒體系模擬的例子。

▶ 轉鼓顆粒體系分級模擬

　　轉鼓是一類工業中用於處理固體顆粒或固液混合體系的常見裝置，可用於過濾、乾燥、造粒、混合等多個方面。轉鼓操作簡單，易於控制，且具有連續生產的能力，在建築、化工、能源、冶金、材料、製

藥、紡織、食品加工等領域都有著廣泛的應用。

　　轉鼓顆粒體系的分級現象是強烈而明顯的。在較低的轉速下，通常旋轉幾周後，小顆粒就會向軸心附近聚集，而大顆粒將會在邊壁附近出現，也即發生了徑向分級現象，如圖 1.6（a）所示。近年來，又發現了一種新的轉鼓顆粒體系徑向分級模式，如圖 1.6（b）所示，小顆粒呈徑向條紋分布。目前將傳統的小顆粒向軸心聚集的分級模式具象地稱為月亮模式，而將條紋狀分級模式稱為太陽模式或花瓣模式。

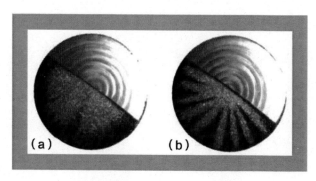

圖 1.6 轉鼓顆粒體系的分級現象 [3]

　　DEM 方法可以對上述轉鼓體系內不同粒徑顆粒的分級現象進行模擬，如圖 1.7 所示，展示了不同旋轉速度下滾筒內的顆粒流動模式。

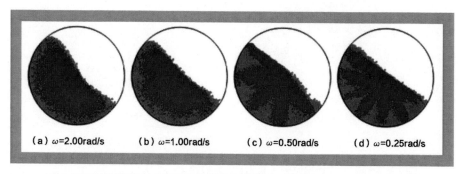

圖 1.7 不同旋轉速度下滾筒內的顆粒流動模式（旋轉 30 rad 後的結果）[4]

▶ 藥物混合器模擬

　　製藥工業中，利用顆粒混合器將少量的藥效組分與增混劑摻混，其混合的均勻度直接影響藥物的質量，而混合的均勻度受顆粒混合器的操作條件影響。圖 1.8 展示了對一個圓錐形藥物混合器的 DEM 模擬結果。模擬體系包含約 66 萬顆粒，重點考察混合器安裝角度對混合過程的影響。發現垂直安裝的混合器以每分鐘 30 轉的轉速，旋轉 20 圈時仍有明顯分界；而傾斜 45°，採用相同轉速，旋轉 15 圈就能混合均勻，可見傾斜混合器的混合效果更具優勢。

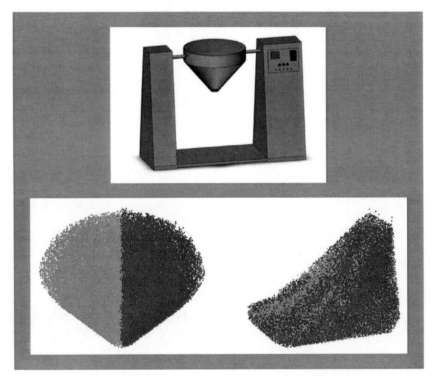

圖 1.8 藥物混合器模擬結果（左：垂直混合器；右：傾斜 45°混合器）[5]

　　DEM 還可以處理具有複雜幾何結構的反應器,如工業螺旋輸送器中的熱量傳遞和質量傳遞過程。圖 1.9 是對一個長 13.5m、直徑 1.5m、含 960 萬個毫米級顆粒的工業規模滾筒內兩種顆粒傳熱傳質的模擬,採用 30 塊 C2050 GPU 卡,模擬速度約能達到物理演化速度的 60 分之 1。模擬結果與實驗測量的出口粒徑分布基本一致,這為理解混合機理、最佳化裝置結構提供了指導。

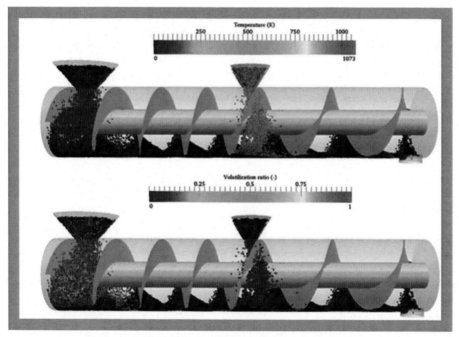

圖 1.9 工業螺旋輸送器中顆粒的傳熱傳質模擬結果 [6]

1.5
多相體系 ....

▶ 流化床研究

　　單純的流體系統或顆粒系統比較容易處理，但是如果既要考慮流體運動又要考慮顆粒運動，這種氣固或者液固兩相流動就構成了更為複雜的顆粒流體系統。在現代過程工業裡一類叫流化床的裝置中經常可以看到這種多相體系。

　　流化床是一種利用氣體或液體透過顆粒層並使顆粒懸浮運動的裝置。在流化床中顆粒將出現類似於流體的行為，稱為流態化。在自然界中，大風揚塵、沙漠遷移、河流夾帶泥沙等，都是典型的流態化現象。過程工業裝置流態化的主要目的是增強顆粒與周圍流體的混合效果，提高傳熱、傳質效率。

　　各大石油化工企業目前普遍能看到的催化裂化反應器就是非常典型的流態化裝置。這一裝置是為了把價值比較低的重質油在催化劑作用下轉化成價值較高的輕質液體燃料如汽油、柴油等。催化裂化反應器裡的固相主要是粉末狀的催化劑，氣相就是石油原料蒸氣。裝填在垂直管道中的催化劑形成顆粒床層，反應氣體流過床層，顆粒在流體的作用下被懸浮或輸送。在各大火力發電企業目前普遍採用的大型循環流化床燃燒鍋爐也是流態化技術的傑出應用範例。

　　流化床內的顆粒流體系統運動十分複雜，隨著氣體速度的增加，流動結構可能發生一系列的轉折變化，形成膨脹、鼓泡、湍動、快速流化、稀相輸送等典型的流域特徵，如圖 1.10 所示，很難用簡單的模型進行描述。

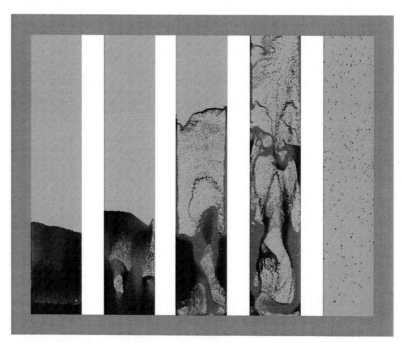

圖 1.10 流化床的流型過渡：膨脹、鼓泡、湍動、快速流化、稀相輸送

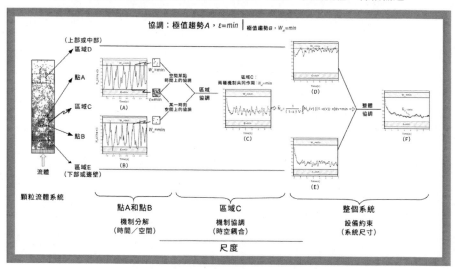

圖 1.11 應用擬顆粒方法證明 EMMS 原理 [9]

流態化：流態化是指顆粒狀固體物料在氣體流或液體流的作用下處於懸浮狀態、呈現出一定流體特性的狀態，這種狀態有利於工業的管線化、連續化生產，能夠促進氣－固、液－固的相間接觸，有利於提高傳熱、傳質和化學反應的速度，所以在工業過程中被廣泛採用。

▶ 多尺度方法

顆粒－流體運動的複雜性對於數學模型和程式計算提出了很高的挑戰。為了應對這一挑戰，科學家提出了很多解決方法，其中能量最小多尺度方法[7-8]（EMMS）是應用較為廣泛的一種。

依據 EMMS 模型，將反應器定義為宏尺度，將顆粒聚團定義為介尺度，單個顆粒定義為微尺度。根據不同控制機制在競爭中協調的原理，提出了穩定性條件，建立了描述顆粒－流體複雜系統的變分多尺度模型。該模型可以預測流態化過程中的流型過渡和結構突變現象。隨後又應用擬顆粒方法對穩定性條件進行了證明，落實了 EMMS 原理的基礎，如圖 1.11 所示。

EMMS 原理從氣固兩相流進一步推廣到氣液固、湍流、納微流動、泡沫、顆粒流以及乳液等更多複雜系統，並直接推動了介科學的發展[10]。從介科學的角度，發現各種複雜系統都存在著類似的穩定性原理，即兩種極值趨勢在競爭中協調，形成穩定的結構。據此，歸納形成了變分多尺度方法的理論框架，在數學上，它可以表達為一種通用的多目標變分問題。在此基礎上形成了新的「EMMS 計算模式」，即模擬宏尺度和介尺度的行為，應用穩定性條件進行約束；研究微尺度行為則應用離散模擬描述，這樣可以同時保證模擬的效率和精度，如圖 1.12 所示。這

一計算模式，正是提高計算效率和精度的關鍵。這種擴展的 EMMS 模型
與離散模擬相結合，在方法上實現了問題、模型、軟體和硬體四者的結
構與邏輯一致性，為過程工程的整合設計提供了解決方案。

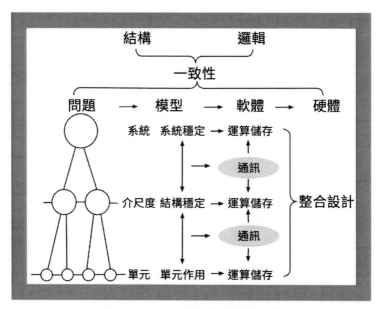

圖 1.12 EMMS 計算模式結構圖 [11]

介尺度：本文提及的介尺度概念並不是一個特定的幾何尺度範
圍，而是與多相反應體系中兩個層次的介尺度問題研究有關，包括分
子尺度到顆粒尺度的材料結構或表界面時空尺度，以及顆粒尺度到反
應器尺度間形成的非均勻結構的時空尺度。研究介尺度問題的意義在
於，明確不同系統中介尺度結構的定義和特徵，闡明多尺度過程的介
尺度作用機制，突破傳統方法的局限性，解決工程應用中的挑戰性
問題。

1.6
虛擬過程平臺與超級計算系統 ······················

▶ 虛擬過程平臺：以流化床為例

　　基於上述思路，一家研究所成功研發了流化床虛擬過程工程平臺。這個平臺由計算、實驗和顯示控制三部分組成，如圖 1.13 所示。計算部分負責即時計算指定條件下裝置內的執行情況；實驗部分負責裝置執行和有效測量，並線上傳輸給計算部分進行校正。實驗與計算兩部分緊密銜接，並透過顯示控制部分清晰地展示裝置內的動態執行資訊，可由工程師進行即時操作控制。

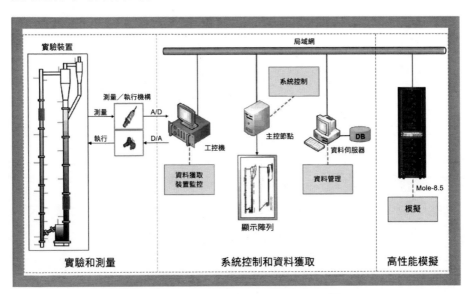

圖 1.13 虛擬過程工程平臺系統結構圖[12]

虛擬過程工程：化工反應器的傳統設計依賴於逐級放大試驗，具有週期長、費用高、風險大等缺點。針對這一問題，虛擬過程工程的設計理念是：建構集電腦模擬、線上控制、同步測量、資料處理和顯示於一體的虛擬平臺，致力於實現複雜反應器的多尺度動態即時模擬，並與工業應用緊密結合，為化工反應器的設計與最佳化提供指導。

圖 1.14 展示了流化床虛擬過程工程平臺的實景圖，流化床高度達到 6m 以上。實驗為計算提供流化床原型以及實驗引數訊息；計算將實驗原型虛擬化、數位化，透過求解數學模型，對於系統行為進行定量預測；顯示控制部分由桌上型電腦和液晶螢幕構成，可即時展示裝置內的執行狀況，將即時模擬和過程控制有機地結合在一起。

圖 1.14 流化床虛擬過程工程平臺實景圖 [12]

圖 1.15 展示了流化床的多尺度模擬具體的工作流程。首先根據裝置操作條件（例如進入反應器的氣體速度、催化劑顆粒數量等），由穩態宏尺度模型（EMMS 模型）給出整個裝置內部的顆粒分布，這可以在數秒內完成；再以前述區域性分布作為初始和邊界條件，由動態宏尺度模型（雙流體模型）模擬全迴路反應器的動態演化；對於重點關注的提升管，採用介尺度模型（考慮介尺度結構的顆粒軌道模型）進行顆粒團尺度的動態模擬；若對某細節部位（如分布板附近）感興趣，則再以前述計算結果作為初始和邊界條件，採用單顆粒尺度模型（直接數值模擬）啟動計算，以進一步研究流場細節。在圖 1.15 的計算中，介尺度模型對 30m 高的提升管區域性模擬需要的流體網格數為 3.6 萬、顆粒聚團數為 12 萬；而微尺度模型對 16cm×4cm 區域的模擬就需要 19 萬顆粒。可見，依此多尺度逐步推進的思路，即可層層展開，在保證計算精度的同時顯著減少了計算量。

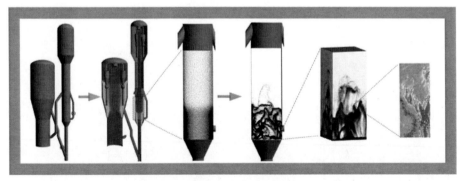

圖 1.15 流化床多尺度模擬 [11]

圖 1.16 和圖 1.17 進一步展示了多尺度模擬的結果，依賴於計算問題的關注尺度不同，計算量也存在數量級的差異，工程應用中需要根據問題的性質選擇合適的多尺度計算模式。需要強調的是，數值模擬並不是僅僅得到一堆彩色的圖片或動畫，而是得到系統內有用的定量資訊，可

以與實驗測量結果相互比對，圖 1.17 中的模擬曲線圖與實驗測量的散點圖基本一致，說明了模擬計算的可靠性。該技術平臺不僅適用於流化床反應器的實驗模擬，還可以為工業界提供計算服務。

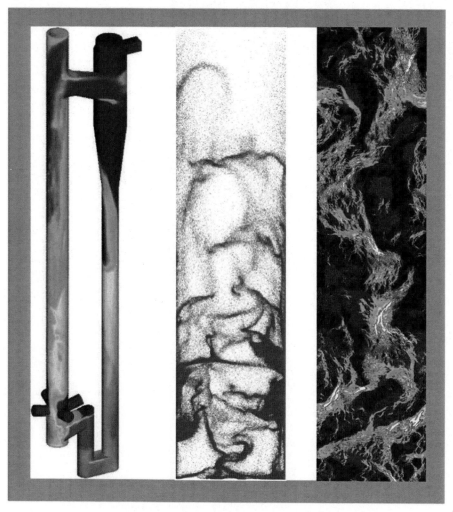

圖 1.16 三尺度模擬的典型計算結果：宏尺度、介尺度、微尺度 [11]

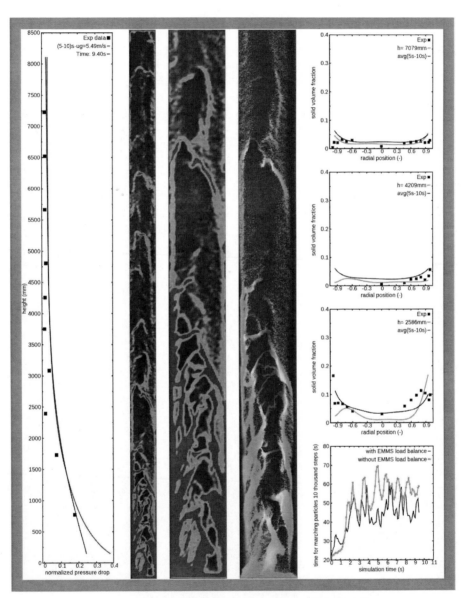

圖 1.17 虛擬過程工程平臺對提升管的定量模擬結果 [6]

▶ 超級計算系統

由於化工反應器中的模擬計算通常涉及多相複雜流動，而且從實驗室研究到工業規模應用需要跨尺度的研究，計算規模十分龐大，不僅需要準確的數學模型，還需要有超級計算系統的支撐。

儘管電腦硬體處理能力按照摩爾定律繼續發展，但是隨著積體電路電晶體密度的日益增加，其能耗也在迅速增加，由於積體電路散熱能力的限制，依靠單處理器效能的改進提高運算速度舉步維艱，因此迫切需要高效能運算技術的發展。

美國 NVIDIA（英偉達）公司於 2006 年推出基於圖形處理器（graphics processing unit，GPU）的計算統一裝置架構（compute united device architecture，CUDA），某研究所意識到可以使用 CPU-GPU 耦合方案來實現多尺度離散模擬 [13]，在隨後兩年時間裡先後建成了單精度峰值超過 100Tflops（1Tflops 等於每秒 1 兆次浮點運算）和 450Tflops 的高效能運算系統。在此基礎之上，過程所於 2010 年建成 Mole-8.5 超級計算系統，如圖 1.18 所示。

> **超級計算系統**：超級計算系統是由大量效能優越的電腦組成的、具有特定體系結構的電腦叢集，其內部的電腦能夠協同穩定執行，具有高速通訊與大量儲存等功能。除了領先的電腦硬體系統之外，還包括支撐硬體執行的軟體系統和測試工具，以及各種面向科學與工程問題的應用軟體。超級計算系統的研發與使用，對於國際科技創新與競爭具有重要影響。感興趣的讀者可以進一步了解全球超級電腦排行榜。

圖 1.18 高效能、低成本超級計算系統 Mole-8.5[14]

Mole-8.5 超級計算系統的計算節點主要採用 Tyan S7015 主機板，最多可安裝 8 塊 Tesla C2050 GPU 卡，從而使單機執行離散模擬的 CP 值得到最充分的發揮。Linpack 測試結果在 2010 年的全球超級電腦排榜 Top500 排名中名列第 19 位，而在隨後的 Green500 排名中位列第 8 位。2017 年仍在兩個排行榜內。Mole-8.5 系統實際測試速度達到 1400 兆次單精度浮點運算速度。系統能耗 563kW，系統總能耗（含冷卻系統 200kW）763kW，占地面積 145m²，系統記憶體容量 17.79TB，GPU 視訊記憶體容量 6.48TB，共計 24.27TB；計算系統總重量約 12.6t，磁碟總容量為 720TB；系統軟體主要包括 CentOS 5.4、GCC/G++4.1.2 編譯器、MPI/OpenMP/CUDA 程式設計環境、Ganglia 和 MoleMonitor 監控軟體等，實現了遠端系統訪問和作業管理。單個計算節點內部的硬體結構如圖 1.19 所示。

為什麼需要 CPU-GPU 耦合計算模式呢？因為 CPU 具有大量快取和控制單元，但是運算單元較少，適合演算法複雜度高的流體求解；而 GPU 具有大量運算單元，非常適合顆粒的平行計算。CUDA 程式設計模式將 CPU 作為主機（Host），GPU 作為輔助處理器或者裝置，一個系統

中可以存在一個主機和多個輔助處理器。在這種組織架構下，CPU 用來處理邏輯性較強的計算，而 GPU 則負責執行高度執行緒化的並行處理任務，兩者之間可以進行資料交換與傳輸。CPU 與 GPU 協同工作，兩者耦合可以顯著提高計算效率。

圖 1.19 CPU-GPU 耦合結構示意圖

　　可以暢想，在未來的虛擬化工實驗室裡，表面上工程師們在顯示控制終端應用各種模型或計算軟體，進行反應器或催化劑分子結構的設計與操作，而這背後有一個龐大的計算系統和理論架構在高效運轉，為研發設計提供技術支撐。

1.7
虛擬過程工程的工業應用舉例 ·················

　　由於應用需求迫切，虛擬過程工程平臺的概念迅速得到學術界和工業界的關注，超級計算系統在建造過程中就開始承擔國家重大專案、自然科學基金重大專案的任務，為各種大型企業提供了大量模擬計算服務。下面舉幾個典型的應用例項。

　　多產異構烷烴工藝（MIP）是生產清潔汽油的重要技術，從設計首套年產 140 萬 t 裝置，到後期改造與放大，數值模擬都發揮了關鍵指導作用，顯著加快了研發進度。模擬結果如圖 1.20 所示。目前清潔汽油產能的 3 分之 1 以上使用了該平臺開發的裝置。

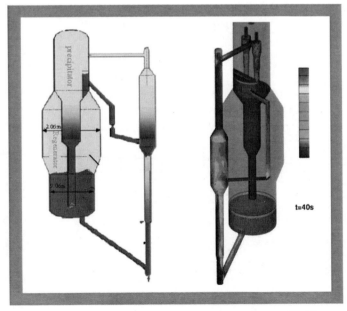

圖 1.20 多產異構烷烴工藝（MIP）數值模擬應用 [10]’[15]

　　在電力行業，在國際上率先實現了工業規模鍋爐的三維全系統動態模擬，展示了旋風效率與狀態波動之間的關聯機制，為循環流化床鍋爐的技術開發提供了有力支持，模擬結果如圖 1.21 所示。

　　冶金行業中，數值模擬應用也很廣泛，例如鐵礦石磁力分選、滾筒法液態鋼渣處理、無焦煉鐵工藝最佳化等，為節能環保工藝的開發提供了支撐，模擬結果如圖 1.22 所示。

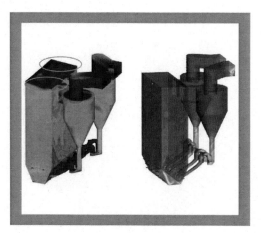

圖 1.21 循環流化床鍋爐的流動與反應模擬 [6]

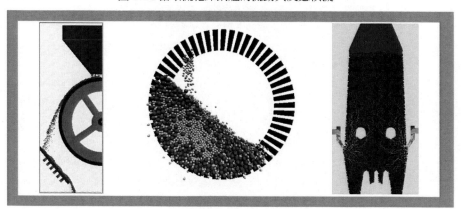

圖 1.22 數值模擬在冶金行業的應用 [9]

針對含有 3 億原子團的複雜生物體系的數值模擬，復現了流感病毒在溶液環境中的動態行為，對疫苗開發具有重要意義，模擬結果如圖 1.23 所示。

在石油開採領域，對岩芯滲透率這一基礎資料的計算速度比實驗測量快 300 多倍，並且更為準確，為殼牌公司提升原油採收率提供了基礎支持。模擬結果如圖 1.24 所示。

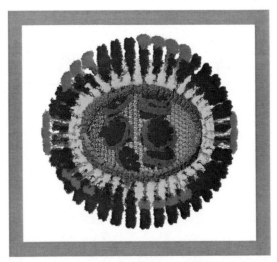

圖 1.23 病毒與生物大分子模擬 [20]

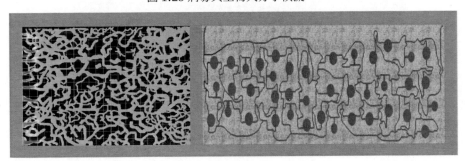

圖 1.24 岩芯滲透率模擬 [13]，[21]

1.8
虛擬過程工程的未來 ··

　　數位化工的目標是實現虛擬過程工程，也就是要透過電腦即時模擬，實現化工過程的虛擬實境。這將從根本上改變化工過程的研發模式，推動流程製造業的綠色化和智慧化。實現這一目標，關鍵是要有合理的物理模型和高效快速的計算能力。

　　有效的化學工程理論和過程工程計算方法，在過程工業的實踐中逐漸成為核心組成部分，從原子、分子層次的結構設計，到奈米顆粒、團簇的功能研究，再到過程和裝置的設計與放大，在化學化工研究的各個尺度上都需要發展新的理論與計算工具。實現高度整合的多尺度模擬和最佳化，有望為解決能源、環境、材料和資訊等各個領域的瓶頸問題帶來革命性的突破，進而設計出更有效、對環境更友好的過程與產品，促使化學化工為人類經濟文明做出更大的貢獻。另外，人工智慧與大數據技術將向化學工程各個分支領域滲透，為工藝開發、裝置執行與遠端診斷、過程強化、過程安全與控制等提供技術支撐，化工工程師需要緊跟電腦科學的發展潮流，並與已經掌握的化工知識相結合，才能在新一輪工業革命中獲得成功。

　　沒有數學和電腦，就沒有今天和明天的化學工業。發展數位化工，需要更多有抱負、有智慧的年輕學子投身其中！

02

觸「膜」世界：讓物質分離更高效、更精準

Touch the World of Membrane: For More Efficient And Precise Separation Processes

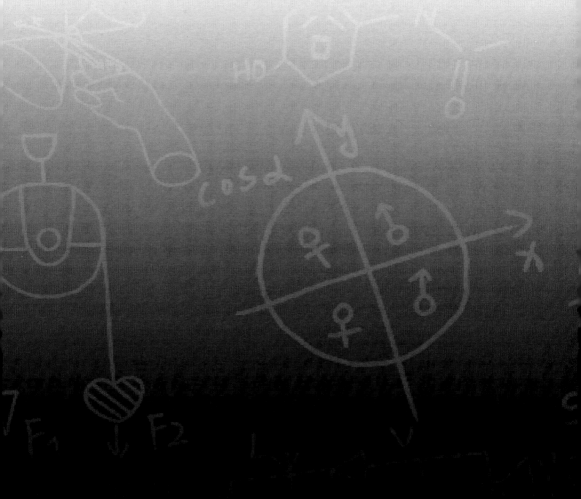

　　將海水中混合在一起的鹽和水分離，得到想要的純淨水，剔除不需要的鹽分。嗯，我們是這樣想的，自然界也是這樣暗示我們可以這樣去做的。在自然界的微觀及宏觀世界中，經常需要進行物質的分離、滲透和過濾，而且還要高效、精準和快速。

　　膜的結構薄如蟬翼，精細如織；膜可以阻隔外部的汙染物，也可以完成分子級別的分離。膜就是一種構造巧妙、功能神奇且應用靈活的物質分離器。

　　膜技術是解決當前人類面臨的資源匱乏、能源短缺、生態環境惡化等重大問題的重要新技術。膜產業是 21 世紀的朝陽產業。為了普及膜技術知識，幫助讀者了解膜的功能及用途，本章簡要介紹分離膜及其應用技術。首先介紹了分離膜及膜分離過程，簡述了膜的種類、膜的結構與效能、膜的製備方法、發展歷程及主要膜過程的特點。然後介紹了膜技術在幾個領域中的應用，包括水處理領域、氣體分離領域、能源領域、健康醫療領域等。其中每一部分均綜述了膜在該領域的應用狀況，列舉了工程應用例項。最後展望了膜技術未來的發展方向。

2.1
引言

　　膜技術是一種新型高效的分離技術，是多學科交叉的產物，也是化學工程學科發展的新成長點。

　　隨著經濟的發展、社會的進步和人類對不斷提高生活品質的需求，能源吃緊、資源匱乏、環境汙染的問題越來越突出，而膜分離技術正是解決這些人類面臨的重大問題的新技術之一。

膜技術的核心是「膜」，現在，讓我們一起插上想像力的翅膀，去觸碰和認識這個神奇的膜世界。

▶ 膜是人類的好朋友

你見過膜嗎？聽到這個問題，也許很多人會搖頭，「膜」聽起來有點陌生而玄奧。其實膜是我們最親密、最熟悉的好朋友，它不僅影響著我們日常生活的各個方面，在我們的身體裡也無處不在。只不過大家是「不識廬山真面目，只緣身在此山中」罷了。

眾所周知，構成動物及植物的最小基本單元是細胞，而真核細胞的外壁被稱為細胞膜。人的身體是由無數細胞構成的，所以說我們的全身都是膜。

生物膜的作用舉足輕重，它是保障人類及所有的動物、植物維持生命正常運轉的最為重要的組成單元。研究發現，細胞膜有兩種專門的通道：一種為水通道，另一種為離子通道。水通道只允許水分子通過，而離子通道只允許離子通過。正是由於這兩種通道的存在，細胞膜才具有了自動調控生物體內水與電解質平衡的神奇功能，使體內的水分及電解質（離子）始終保持在正常範圍內。一旦這個通道失調失控，例如人體內水分排不出去而過多時，人就會浮腫；而當人體內鈉離子過多時，就會患高血壓病。可見，細胞膜對於生命健康是多麼的重要。

▶ 人工合成膜的起源

膜（membrane）的家族極為龐大，前面介紹的生物膜僅僅是其中的一種。目前在人類生產生活中，應用最廣的當屬人工合成高分子膜。

西元 1748 年，一個偶然的機會讓法國人諾萊特（Jean-Antoine Nollet）發現了生物膜的滲透現象。他將豬膀胱當作一個容器，把酒精溶液灌入豬膀胱裡，繫上口子之後浸入到水缸裡。過了一段時間，他發現裝有酒精的豬膀胱逐漸漲大起來，也就是說，水缸裡的水自發地穿透豬膀胱進入到酒精溶液中去了。豬膀胱是一種生物膜，也是一種半透膜。水分子在濃度差的推動下，會自發地從稀溶液（水）的一側通過半透膜遷移到濃溶液（酒精）一側，這就是「滲透」現象。這次偶然的發現是迄今為止史料中最早記載的膜分離現象。

生物膜驚人的功能和效率，激發了人類靈感，科學家們模仿生物膜的功能，研製出了一系列人造功能膜。例如：

▶ 海帶具有能夠將海水中的碘富集濃縮 1,000 多倍的功能，模仿海帶研製出了能富集海水中碘的液膜。

▶ 自然界中一種叫石毛的藻類具有把鈾富集 750 倍的功能，模仿石毛研製出了能分離並濃縮鈾 235 和鈾 238 的功能膜，早期製造原子彈用的鈾 235 就使用了這一技術。

▶ 根據豬膀胱的滲透原理，科學家們發明了反滲透膜，用於海水淡化，製備超純水。

▶ 模仿腎臟排除血液毒素的功能，科學家們製出了透析膜，挽救了千千萬萬尿毒症患者的生命。

▶ 魚能夠透過鰓，把溶解在水裡的氧氣分離出來供自己呼吸，模仿魚，科學家研製出了氧合膜，用於製造人工肺，可以攝取氧氣，排出二氧化碳，在進行心臟手術時代替人體肺臟。

1960 年代，美國加州大學的羅伯（S. Loeb）和索里拉金（S. Sourirajan）等人研究成功人類第一張具有實際應用價值的高通量、高脫鹽率的

反滲透膜,使膜技術迅速從實驗室走向工業應用。

此後半個多世紀,科學家們研究出許許多多不同特點的功能神奇的膜。

▶ 神奇的功能膜

功能膜的功能涵蓋了物質分離、能量轉換、物質轉化、控制釋放、荷電傳導、物質辨識及資訊感測等功能。

(1) 物質分離膜

用於對氣態、液態、固態等各類混合物進行精密分離,包括氣/氣分離(如 O_2/N_2、N_2/H_2、CO/CO_2),氣/液分離(如脫氧膜),液/液分離(如苯/環己烷、丙酮/水、乙醇/水、苯/水),固/液分離(如膠體/水、細菌/水、顆粒/溶液),離子分離(如單價離子/多價離子、陰離子/陽離子),同位素分離(如 $^{235}UF_6/^{238}UF_6$),同分異構體分離(如鄰、對、間位二甲苯),手性化合物分離(如 D- 色氨酸/ L- 色氨酸),共沸物分離(如 $H_2O/EtOH$)等。

(2) 能量轉換膜

包括化學能-電能轉換(燃料電池膜),光能-電能轉換(光電池膜),光能-化學能轉化(光轉化膜),機械能-電能轉換(壓電膜),光能-機械能、熱能轉換(光感應膜),熱能-電能轉換(熱電膜),電能-光能轉換(發光膜)。

(3) 物質轉化膜

包括膜反應器用膜和膜生物反應器用膜,有的膜本身既是分離介質也是催化劑載體。物質轉化膜的應用例項之一是鈀膜反應器製氫。

　　鈀膜本身就是催化劑同時具有高透氫特性，將甲烷在高溫下轉化成一氧化碳和氫氣，並不斷使氫氣通過膜，從而實現氫氣與甲烷、一氧化碳分離，來製取氫氣（圖 2.2）。

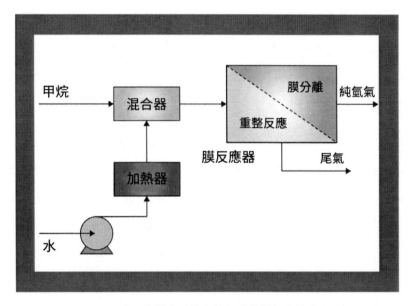

圖 2.2 膜反應器在甲烷水蒸氣重整製氫中的應用

（4）控制釋放膜

　　包括蓄器式（即藥物混合在高聚物中，高聚物分解後藥物釋放）、基片式、溶脹控制式和滲透式。在醫藥領域，控緩釋膠囊已廣泛應用，但有些疾病無法使用膠囊，如青光眼類的眼病，需要終身滴眼藥水。科學家將藥物包覆進控制釋放膜中，這種膜很薄，可直接放在眼瞼處，自動釋放出藥物，定期更換，解決了傳統眼藥水週期性藥物濃度變化和利用率低的問題。

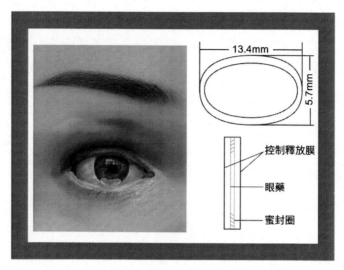

圖 2.3 包覆擴散型控制釋放眼藥水 [43]

（5）電荷傳導膜

包括陽離子交換膜、陰離子交換膜、鑲嵌荷電膜、雙極膜和導電膜等。

（6）物質辨識膜

可用於製作膜生物感測器。

在眾多功能膜中，研究開發時間最長、技術最成熟、應用最廣泛的是具有分離功能的膜，簡稱分離膜，本章重點介紹分離膜及其應用。

▶ 化學及化學工程與分離膜技術

20 世紀發明的七大技術是：資料技術；化學合成及化工分離技術；航太和導彈技術；核科學及核武器技術；生物技術；奈米技術；雷射技術。

但這些技術中什麼技術對人類的生存影響最大呢？一位著名的化學家認為，化學合成及化工分離技術是對人類生存影響最重大的技術。

化學合成和化工分離技術為人類發明了合成氨、合成纖維、合成塑膠、合成橡膠、合成洗滌劑、醫藥及油漆等。這些產品涵蓋了人們的衣食住行。如果沒有這些，人類的衣食住行將成為大問題，例如合成氨技術在 20 世紀是唯一兩度榮獲諾貝爾獎的發明，如果沒有這一發明，世界糧食產量將減少一半，全球將有 35 億人營養不良，但如果沒有另外六大技術，人類照樣能夠生存。

人類透過化學合成和化工分離技術，製成了 2,285 萬種新物質和新材料，為其他六大技術的發展奠定了基礎，可見化學合成及化工分離技術的確是人類生存、經濟及科技發展影響最大的技術。

以分離膜為核心的膜科學技術是化學工程學科的重要組成部分，它的誕生和發展與化學及化學工程的發展密切相關。化學和化學工程為分離膜技術提供了製膜的原材料，膜的製備、膜傳遞過程的研究及膜的工程應用，無一不應用化學工程學科的基本理論和方法。然而，分離膜技術的出現又對化學和化學工程的發展產生了舉足輕重的影響。

當今膜分離技術的應用，涉及國民經濟各個領域，如圖 2.4 所示的工業生產領域，以及生物、食品、醫藥等領域。已開發國家都把膜分離技術納入國家計畫，美國把膜技術作為生物工程中重要的純化方法，日本把膜技術作為 21 世紀基礎技術進行研究與開發。

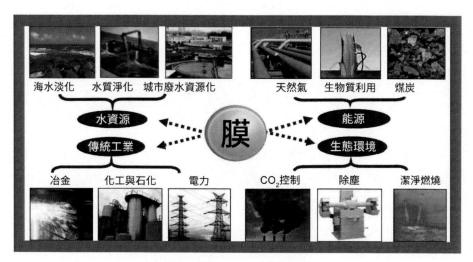

圖 2.4 膜技術的工業應用領域

2.2
分離膜及膜分離過程簡介 ⋯⋯⋯⋯⋯⋯⋯⋯⋯⋯⋯⋯⋯

▶ 分離膜

分離膜的種類

　　分離膜的種類較多，不可能用一種簡單的方法來進行分類，通常從不同的角度進行分類。

　　按膜的相態分，有固（態）膜和液（態）膜。

　　按膜的材料分，有天然膜，如生物膜（細胞膜）、天然有機高分子膜；合成膜，如有機高分子膜、無機膜、合成生物膜。

　　按膜的結構分，有整體膜、複合膜；均質無孔膜、多孔膜（對稱

膜、非對稱膜）；微孔膜、超微孔膜、緻密膜、液膜（乳化液膜、支撐液膜）等。

按分離過程分，有微濾膜（MF）、超濾膜（UF）、奈濾膜（NF）、反滲透膜（RO）、透析膜（DL）、氣體分離膜（GS）、滲透蒸發膜（PV）、離子交換膜（IE）。

按製膜方法分，有燒結膜（如陶瓷膜）、拉伸膜、核孔膜（核徑跡蝕刻膜）、擠出膜、塗敷膜、界面聚合膜、等離子聚合膜、熱致相分離膜（TIPS）和非溶劑致相分離膜（NIPS）、溶膠－凝膠膜（Sol-Gel）。

按膜過程推動力分，有壓力差驅動膜、濃度差驅動膜、電位差驅動膜、溫度差驅動膜。

按膜的作用機理分，有吸附性膜、擴散性膜、離子交換膜、選擇性滲透膜、非選擇性膜。

膜分離過程

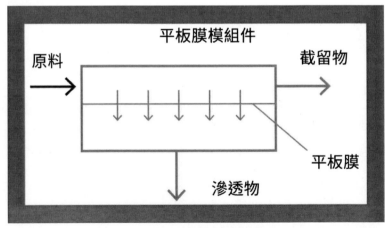

圖 2.8 平板膜分離原理示意圖
平板膜主要用於微濾、超濾、奈濾、滲透蒸發、反滲透、氣體分離等膜過程

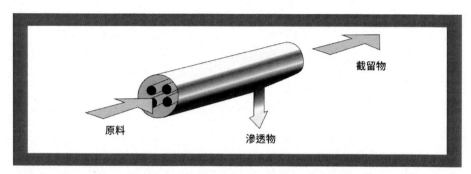

圖 2.10 管式膜或中空纖維膜分離原理示意圖（管式膜或中空纖維膜主要用於超濾）

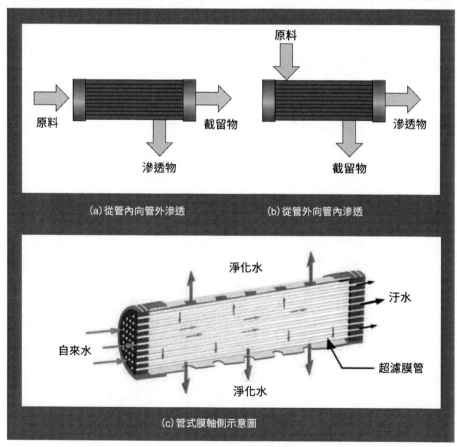

(a)從管內向管外滲透　　　(b)從管外向管內滲透

(c)管式膜軸側示意圖

圖 2.11 管式膜元件示意圖

分離膜的結構

分離膜結構包括膜材料結構和膜的本體結構。受篇幅的限制，膜材料結構本文不作介紹。

膜的本體結構包括膜表皮層結構及膜斷面結構。有機高分子分離膜絕大部分屬於非對稱膜。非對稱膜斷面一般具有三層結構：緻密皮層、毛細孔過渡層及多孔支撐層（圖 2.12）；而均質無孔膜和均質微孔膜屬於對稱膜，膜斷面只有一層結構。圖 2.13 是非對稱中空纖維膜掃描電鏡照片，可以看出膜的三層結構。

（1）膜的表皮層結構

膜的表皮層結構影響分離膜的選擇性、滲透性和機械效能。多孔膜的表皮層結構包括膜孔型別、孔徑、孔形狀及開孔率。

膜孔型別與製備方法有關，主要有聚合物網絡孔，聚合物膠束聚集體孔，液（溶劑相）- 液（非溶劑相）相分離孔等。

膜表面孔徑包括最大孔徑、平均孔徑、孔徑分布。

膜表面孔形狀包括圓形孔（圖 2.14）、狹縫形孔（圖 2.15）、無規形孔（圖 2.16）等。

（2）膜的支撐層斷面結構

膜的支撐層斷面結構會影響到膜的滲透效能和機械效能。

斷面結構包括膜的斷面形貌、斷面孔隙率、各層厚度。斷面結構有非對稱形和對稱形。斷面孔形貌大致有海綿狀（或稱網絡狀）、指狀、隧道狀、胞腔狀、狹縫狀、球粒狀、束晶狀及葉片晶狀，見圖 2.17（a）～（h）。

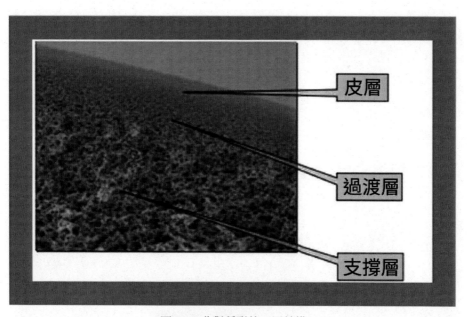

圖 2.12 非對稱膜的三層結構

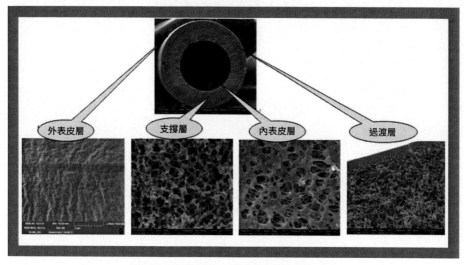

圖 2.13 非對稱中空纖維膜掃描電鏡照片
下部的電鏡照片中,外表皮層放大 4 萬倍,其餘均放大 1 萬倍

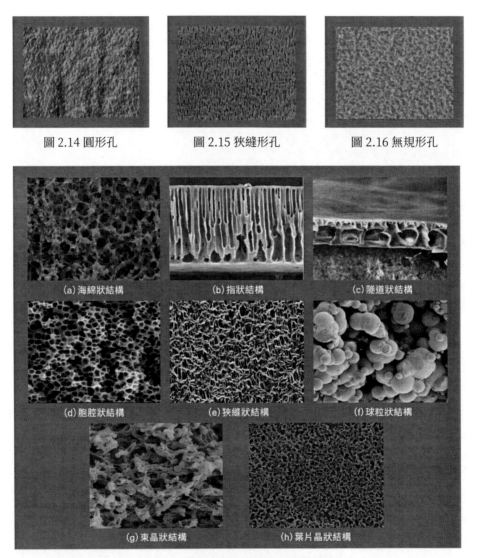

圖 2.14 圓形孔　　　　　圖 2.15 狹縫形孔　　　　　圖 2.16 無規形孔

(a) 海綿狀結構　　(b) 指狀結構　　(c) 隧道狀結構

(d) 胞腔狀結構　　(e) 狹縫狀結構　　(f) 球粒狀結構

(g) 束晶狀結構　　(h) 葉片晶狀結構

圖 2.17 膜的支撐層斷面孔形貌的結構

分離膜的效能表徵

分離膜的效能主要指膜的選擇性、滲透性、機械效能、穩定性等。

選擇性（selectivity）：是表示膜的分離效率高低的指標。

滲透性（permeability）：是指單位時間、單位膜面積上透過膜的物質量，表示膜滲透速率的大小。

機械效能（mechanical properties）：膜的機械效能是判斷膜是否具有實用價值的基本指標之一，其機械強度主要取決於膜材料的化學結構、物理結構，膜的孔結構，支撐體的力學效能。機械效能包括抗壓強度、抗拉強度、伸長率、複合膜的剝離強度等。

穩定性（stability）：膜在應用時，長期接觸物料，在一定的環境條件下執行。膜的穩定性會影響到膜的執行週期和使用壽命，也是考核膜的實用性的重要指標之一。膜的穩定性包括化學穩定性（抗氧化性，耐酸鹼性，耐溶劑性，耐氯性，耐水解性等）、抗汙染性、耐微生物侵蝕性、熱穩定性等。

分離膜的製備方法

分離膜製備方法有溶劑蒸發法、熔融擠壓法、核徑跡蝕刻法、熔融擠出－拉伸法、溶出法、熱相轉化法、非溶劑誘導相轉化法、塗敷複合法、界面聚合複合法、溶膠－凝膠法、水熱法等。本文重點介紹下列幾種方法。

(1) 徑跡蝕刻法

徑跡蝕刻法製膜，主要包括兩個步驟：首先是使膜或薄片（通常是聚碳酸酯或聚酯，厚度為 5 ～ 15μm）接受垂直於表面的高能粒子輻射，這時，聚合物（本體）在輻射粒子的作用下形成徑跡，然後浸入合適濃度的化學刻蝕劑（多為酸或鹼溶液）中，在適當溫度下處理一定的時間，徑跡處的聚合物材料被腐蝕掉，從而得到具有孔徑分布很窄的均勻圓柱形孔。

（2）熔融－拉伸法

將高分子材料在熔融狀態下擠出並高速牽伸，經冷卻結晶後在一定溫度下熱處理，經定型後得到具有狹縫狀孔結構的微濾膜。

（3）相轉化法

相轉化製膜方法是，配製一定組成的高聚物均相溶液，透過化學或物理方法使均相聚合物溶液中的溶劑脫除，最終形成固體狀的薄膜。

這是製備高分子分離膜的主要方法，工業上使用的微濾膜、超濾膜、反滲透膜、氣體分離膜、滲透蒸發膜都可以採用這種方法製造。

（4）界面聚合法

這是一種製備具有超薄複合層的複合膜的方法。讓兩種互不相溶的液態製膜單體，在支撐膜表面發生聚合反應。當今在工程中大規模應用的複合奈濾膜和複合反滲透膜就是用這種方法製造的。

（5）溶膠－凝膠法

溶膠－凝膠法是一種製備陶瓷膜的方法。

▶ 分離膜技術發展歷程

膜技術的發展歷程如圖 2.18 所示。西元 1748 年，法國科學家諾萊特發現水會自發地透過擴散穿過豬膀胱而進入到酒精中，揭示了滲透過程（osmosis）。西元 1854 年，英國科學家托馬斯·格雷姆（Thomas Graham）發現了透析過程（dialysis）。1950 年代，美國 Millipore 公司實現了醋酸纖維膜的微濾過程（microfiltration，MF），同時微濾膜及離子交換膜問世。1960 年，科學家羅伯和索里拉金製成了第一張反滲透膜（第

一代反滲透膜 RO）。1967 年，美國杜邦公司製造出第一個中空纖維膜組件。1970 年代，第二代反滲透膜即複合反滲透膜及無機膜上市。1980 年代，氣體分離膜（gas separation membrane，GMS）研發成功。1990 年代，滲透蒸發（pervaporation，PV）、奈濾（NF）和膜蒸餾技術進入市場。1990 年代後期，以膜生物反應器（membrane bioreactor，MBR）為代表的，具有特種功能的膜材料與膜過程不斷湧現。

　　進入 21 世紀後，隨著膜材料生產的規模化、膜元件的標準化，膜裝置生產技術的普及化和價格大眾化，膜分離技術與其他分離技術耦合整合化，膜技術迅速發展成為工程實用技術，並得到了廣泛的應用。

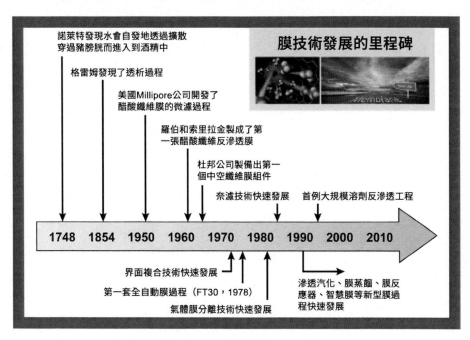

圖 2.18 膜技術發展歷程

▶ 膜分離過程簡介

成熟的膜分離過程

　　成熟的、已商品化的膜分離過程有微濾（MF）、超濾（UF）、奈濾（NF）、反滲透（RO）、透析（DL）、電透析（ED）、氣體分離（GS）、滲透蒸發（PV）等，其主要特性見表 2.1。

表 2.1 膜分離過程及其主要特性

膜分離過程	分離目的	被截留物	通過物	傳質推動力	傳質機理	膜類型	進料的狀態
微濾	從溶液或氣體中脫除粒子	0.02~10μm 粒子、膠體、細菌	溶液／氣體	壓力差	篩分	對稱／非對稱多孔膜	液體／氣體
超濾	大分子溶液中脫除小分子，或大分子分級	1~20nm 大分子、細菌、病毒	含小分子溶液	壓力差	①篩分 ②膜表面的化學、物理性質	非對稱多孔膜	液體
奈濾	從溶劑中脫除為小分子，多價離子與低價離子分離，或相對分子質量 200~1,000 的分子分級	1nm 以上溶質，多價離子	溶劑及極微小絨質、低價離子	壓力差	有 3 種不同的機理解釋： ①優先吸附－毛細管流動 ②溶解－擴散 ③唐南效應	非對稱膜／複合膜	液體

反滲透	脫除溶劑中的所有溶質，或含微溶質溶液的濃縮	0.1 ～ 1nm 微溶質	溶劑	壓力差	與奈濾的傳質機理相同，只是膜表面更緻密	非對稱膜／複合膜	液體
透析	溶液中的小分子溶質與大分子溶質的分離	大於 0.02μm 溶質，血液透析中大於 0.005μm 溶質	微小溶質	濃度差	微孔膜中的篩分、受阻擴散	非對稱多孔膜／離子交換膜	液體
電透析	從溶液中脫除離子，或含離子溶液的濃縮，或離子分級	非電解質及大分子物質	離子	電位差	透過離子交換膜的反離子遷移	離子交換膜	液體
氣體分離	氣體混合物分離	難滲透氣體	易滲透氣體	壓力差	溶解－擴散	均質膜／複合膜	氣體
滲透蒸發	有機水溶液分離，或有機液體混合物組分分離	難滲透組分	易滲透組分	分壓差	溶解－擴散	均質膜／複合膜	液態，氣態

> **唐南（Donnan）效應**：它是以唐南平衡為基礎，用來描述荷電膜的脫鹽過程，一般奈濾膜多為荷電膜，所以該模型更多用來描述奈濾過程。

新的膜過程

新的膜過程包括：新的膜平衡分離過程，新的膜分離過程，膜反應器等，例如液膜（LM）、膜蒸餾過程（MD）、膜萃取過程（ME）、膜吸收過程（MA）、催化膜反應器（CMR）……

例如：化學反應過程中要求對反應物進行純化，對產物進行精製，因此對混合物進行分離的工作顯得尤為重要。膜反應器結合了膜的分離─反應（先分離再反應）或反應─分離（先反應再分離）功能，產生了最佳的協同效應，有助於化學反應的平衡移動，提高產率及產品純度。

2.3
膜技術在水處理領域的應用

膜技術可以用於海水淡化；用河水、江水、湖水製取優質的飲用水；處理生活廢水、工業廢水並使水資源得以再生等。

▶ 海水淡化

據 2010 年底統計資料顯示，全球已建成 15,000 多座海水淡化廠，產水總規模達 6,520 萬 m^3/d，其中反滲透海水淡化產水規模為 3,900 萬 m^3/d，80% 用於飲用水，解決了全球 2 億多人的用水問題。2010 年全球海水淡化工程總投資達 340 億美元，且每年以 10% ～ 20% 的速度遞增。市場研究機構盧克斯研究所（Lux Research）研究指出，到 2020 年，海水淡化

的淡水量必須達到 2010 年底的 3 倍，才有可能滿足全球不斷成長的人口需求，海水淡化市場有望在未來的 10 年裡以年均 9.5% 的成長率成長。

　　位於某工業區的海水淡化工程，由 5 套反滲透海水淡化裝置組成，採用多元件並聯單級除鹽流程。工藝流程見圖 2.20，裝置實景照片見圖 2.21。

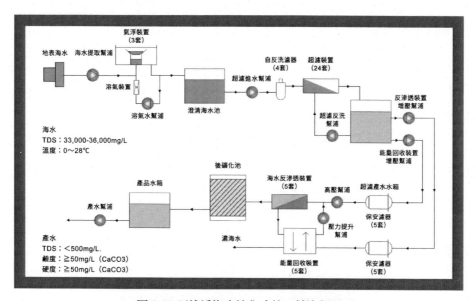

圖 2.20 反滲透海水淡化系統工藝流程圖

圖 2.21 反滲透裝置實景照片

> **TDS**（total dissolved solids，TDS）表示水中溶解性固體總量，單位為毫克／升（mg/L），它顯示水中溶解多少毫克的溶解性固體。TDS 越高，表示水中含有的溶解物越多。

▶ 飲用水處理

膜技術在飲用水領域的應用已有 30 多年的時間了，根據不同水質的特點，膜法水處理可以替代傳統的水處理工藝中的混凝、沉澱、過濾及消毒的全部流程，可以達到傳統方法難以達到的水質要求。

1987 年，世界上第一座採用膜分離技術的水廠在美國科羅拉多州的 Keystone 建成投產，處理規模為 105m³/d。1988 年第二座水廠在法國 Amoncourt 建成投產，處理量為 240m³/d。30 多年後的今天，以超濾為核心的第三代城市飲用水淨化工藝已逐步走上水淨化的舞臺。如今世界上超濾水廠總規模已超過千萬 m³/d。

某水廠 20 萬 m³/d 飲用水擴容改造工程，採用混凝沉澱加沉浸式超濾工藝，於 2016 年 1 月投產。沉浸式超濾的工藝流程見圖 2.22，膜池現場實景照片見圖 2.23。

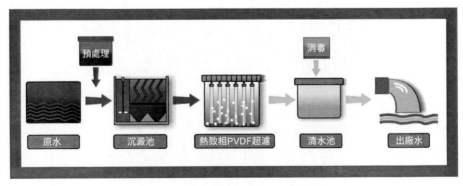

圖 2.22 沉浸式超濾系統的工藝流程圖

未產水　　　　　　　　　　　已產水

圖 2.23 膜池現場實景照片

該工藝有效去除了病毒、細菌、隱孢子蟲、梨形鞭毛蟲等微生物，同時產水的濁度、色度、嗅味等感官均較傳統工藝大有改善，而且能耗很低，適合於水廠的更新改造系統。

▶ 生活汙水處理

建在某鎮的處理量為 4 萬 m^3/d 的再生水廠的膜生物反應器（MBR）工程，原水為生活汙水和部分工業廢水，再生水用於綠化灌溉、道路澆灑、建築、沖廁及河湖補水等。工程於 2010 年 5 月建成投入執行，採用厭氧、兼氧、好氧（此處是指利用厭氧菌、兼氧菌、好氧菌處理有機廢水的技術）加膜生物反應器（$A^2/O+MBR$）工藝，工藝流程圖見圖 2.24，圖 2.25 是膜池實景照片。

該工藝以膜分離系統取代傳統生物處理工藝末端的二沉池、濾池及消毒池等單元，將膜元件直接浸沒安裝於生物反應池中，依靠高濃度的活性汙泥和膜孔小於 0.1μm 的中空纖維膜絲實現固液分離，並將汙染物徹底分解。

該專案既解決了城鎮水汙染問題，又有效緩解了區域水資源短缺的現狀。

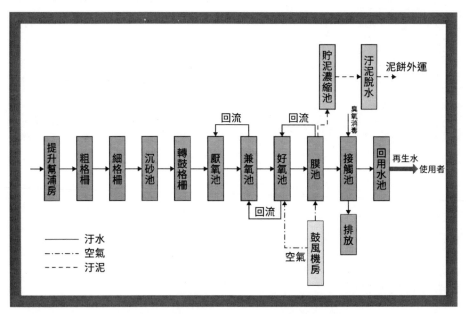

圖 2.24 再生水廠 A^2/O+MBR 工藝流程圖

圖 2.25 再生水廠 4 萬 m^3/d 工程膜池實景照片

▶ 工業廢水處理及資源回收再利用

膜技術已在冶金行業廢水、石油化工廢水、造紙廢水、食品廢水、紡織印染廢水、印鈔廢水以及其他工業廢水處理中發揮了重要的作用，成為當今首選的治理工業汙水技術之一。

例如在冶金行業中，大量的冷軋乳化液廢水處理一直是個難題，使用陶瓷微濾膜後，水透過陶瓷微濾膜被回收，分散在水中的油滴被微濾膜截留，有效實現了油水分離。

一家公司在 2000 年採用陶瓷微濾膜分離技術處理冷軋乳化液廢水（圖 2.26），年處理量為 6 萬 t，油截留率達 99.9%，水回收率大於 90%，廢水處理成本大幅下降。

目前主流鋼廠基本都採用陶瓷膜分離技術處理乳化廢水。

圖 2.26 陶瓷膜法處理冷軋乳化廢水裝置實景照片

2.4
膜技術在氣體分離領域的應用 ·······················

　　氣體膜分離技術具有節能、高效、操作簡單、使用方便、不產生二次汙染的優點。已廣泛用於氫氣回收、空氣分離富氧、富氮、天然氣中脫溼、酸性氣體的脫除與回收、合成氨中的一氧化碳和氫氣的比例調節等。為工業企業的節能降耗，發揮了重要的作用。

▶ 合成氨廠弛放氣中氫氣的回收

　　合成氨生產過程中，會有氣體放空，這部分放空氣體稱為弛放氣，其中含有氫氣和氨氣，氫和氨分別是合成氨工業的原料和產品。回收和利用弛放氣中的氫與氨，是合成氨廠節能、減排、增效、環保的重要措施。

　　採用膜分離技術和氨吸收技術結合可實現氫氣和氨回收。20 萬 t/a 的合成氨弛放氣中氫氣的回收工程採用膜分離加精餾整合工藝裝置實景見圖 2.27，其工藝流程圖見圖 2.28。

圖 2.27 20 萬 t/a 合成氨弛放氣中氫氣回收裝置實景照片

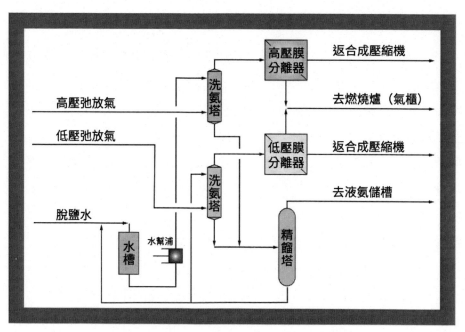

圖 2.28 膜分離／精餾整合工藝氫氨回收示意圖

由圖 2.28 可見，作為膜分離前處理器的兩個洗氨塔，分別除去高／低壓弛放氣中氨，產生的氨水送入精餾塔，在精餾塔頂獲得氨。洗氨塔頂的氣體分別進入高／低壓氣體膜分離器，回收氣體中的氫氣，重返合成系統。膜分離器尾氣中含有少量的氫和氨，送去燃燒爐燃燒，回收熱能。

與傳統氫氨回收工藝相比，合成氨廠「膜分離－精餾整合工藝進行氫／氨回收整體解決方案」解決了氫／氨回收的問題，同時將含氨廢水排放降為零，有毒害氣體排放降為零，實現了經濟效益與環保效益最大化的目標。

▶ 合成甲醇弛放氣中氫氣的回收

氫氣、一氧化碳和二氧化碳在高溫、高壓和催化劑作用下合成甲醇。由於受化學平衡的限制，反應物不能完全轉化為甲醇。為了充分利用反應物，就必須把未反應的氣體進行循環。在循環過程中，一些不參與反應的惰性氣體（如 N_2、CH_4、Ar 等）會逐漸累積，從而降低了反應物的分壓，使轉化率下降。為此，要不定時地排放一部分循環氣來降低惰氣含量。在排放循環氣的同時，也將損失大量的反應物（H_2、CO、CO_2），其中氫含量高達 50% ～ 70%。採用傳統的分離方法來回收氫氣，成本高。用膜分離技術從合成甲醇弛放氣中回收氫和二氧化碳，投資小，增產節能效果顯著，已被甲醇行業普遍採用。

30 萬 t/a 甲醇弛放氣中氫氣的回收工程裝置實景照片見圖 2.29，工藝流程如圖 2.30 所示。

膜分離裝置每小時回收氫氣量折合純氫為 $3421Nm^3$（標準狀態），可生產甲醇 1.5t，年執行 8000h，經濟效益顯著。

圖 2.29 30 萬 t/a 甲醇弛放氣中膜法氫氣回收裝置的實景照片

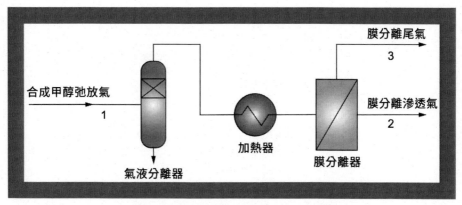

圖 2.30 甲醇弛放氣膜法氫氣回收示意圖

2.5
膜技術在能源領域的應用 ·················

▶ 生產燃料乙醇

　　乙醇是清潔燃料的新增劑或代用品，然而燃料乙醇因其生產成本過高，限制了它的推廣應用。降低其生產成本的瓶頸之一，是乙醇濃度達到 95.57%（質量分數，下同）時存在恆沸點，現有的工業化製備高純度乙醇大都採用傳統的分離技術，如共沸精餾法、萃取精餾法和吸附等脫水方法，能耗居高不下。而滲透蒸發膜技術將改革傳統工藝路線，從而使生產燃料乙醇的成本大大降低。

　　將滲透蒸發膜分離技術耦合到傳統的燃料乙醇生產工藝中。以 93% ～ 95% 的乙醇製備 99.5% ～ 99.8% 的燃料乙醇為例，利用滲透蒸發技術，在脫水步驟即可節約能耗 70% 以上，預計可以降低成本數百元 /t。圖 2.32 為膜法生產燃料乙醇節能新工藝示意圖。

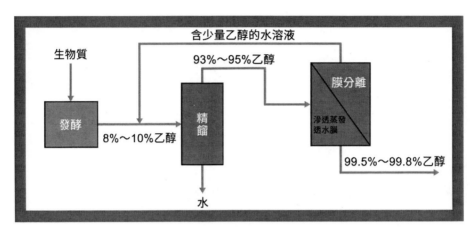

圖 2.32 膜法燃料乙醇生產工藝

▶ 質子交換膜燃料電池

　　燃料電池（fuel cell）是一種高效能、環境友善的發電裝置，通常利用氫氣作為燃料，與空氣中的氧氣發生電化學氧化還原反應，將化學能直接轉化為電能，排出產物為水。由於燃料電池利用電化學反應將化學能轉化為電能，避免傳統發電方式的「熱能－機械能－電能」轉化過程，不受熱力學「卡諾循環」限制，使得能量轉換效率大幅提升。燃料電池技術被認為是 21 世紀首選的潔淨、高效能的發電技術，可以作為電動汽車、潛艇等的動力源及各種可移動電源。

　　質子交換膜燃料電池（Proton Exchange Membrane Fuel Cells，PEM-FC）是繼鹼性燃料電池、磷酸燃料電池、熔融碳酸鹽燃料電池和固體氧化物燃料電池之後，發展起來的第五代燃料電池，它除了具有燃料電池的一般特點外，還具有可在室溫快速啟動、無電解質流失、比功率與比能量高等特點，已經成為當前交通運輸用燃料電池技術的主流，被認為是分散電站建設、可移動電源和電動汽車、潛艇的新型候選電源。

卡諾循環：由法國工程師尼古拉・萊昂納爾・薩迪・卡諾（Nicolas Léonard Sadi Carnot）於西元 1824 年提出的，以分析熱機的工作過程，由工質（如氣體）的兩個恆溫可逆過程（等溫膨脹、等溫壓縮）和兩個絕熱可逆過程（絕熱膨脹、絕熱壓縮）構成的一個可逆的熱力學循環。

　　質子交換膜燃料電池的工作原理如圖 2.33 所示，其單體電池中包含膜電極（membrane electrode assembly，MEA）、雙極板和密封墊片。膜電極厚度一般小於 1mm，在質子交換膜的兩側分別負載一定量的鉑基催化劑，以及導電多孔氣體擴散層（多採用碳纖維紙或碳纖維布），構成燃料電池的陽極和陰極。雙極板上開有溝槽，凸出部分用於收集電流，凹下部分提供氣體流動通道。在電池工作過程，氫氣沿雙極板的通道向前流動，並擴散進入電極，透過擴散層到達膜電極的催化劑表面。

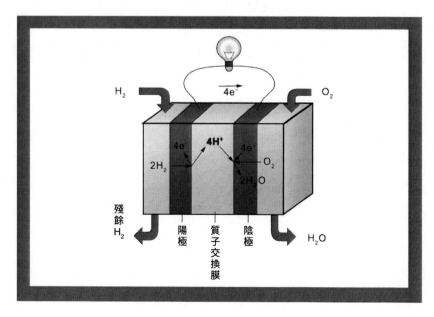

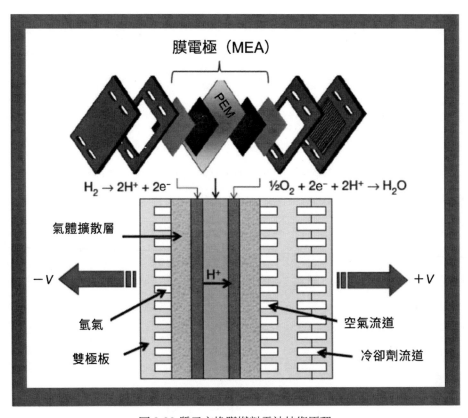

圖 2.33 質子交換膜燃料電池技術原理

　　膜電極內發生的過程為：（1）氫氣透過其擴散層擴散至陽極，同時空氣中的氧氣透過其擴散層擴散至陰極。（2）氫氣在催化層內被催化劑吸附併發生電催化反應。（3）陽極催化表面發生氧化反應，生成的質子 H^+ 透過質子交換膜傳遞到陰極；電子經外電路到達陰極催化層表面，與氧氣發生還原反應生成水。水與未反應的 O_2 一起排出電池，未反應的少量氫氣，通常循環回到氫燃料入口再次使用。

　　電極反應為：

陽極（負極）：$H_2 \rightarrow 2H^+ + 2e^-$　　　　　　　　　　　　　　　　　(2.1)

陰極（正極）：$1/2O_2 + 2H^+ + 2e^- \rightarrow H_2O$　　　　　　　　　　　　(2.2)

電池反應：$H_2 + 1/2O_2 \rightarrow H_2O$　　　　　　　　　　　　　　　　(2.3)

　　反應物 H_2 和 O_2 經電化學反應後，產生電流，反應產物為水，反應中產生的熱量透過循環方式被冷卻劑帶出電池。

▶ 儲能電池 [001]

　　無論是太陽能、風能為代表的陸上可再生能源發電，還是海洋能發電過程，都存在能量密度波動大、不穩定，在時間與空間上比較分散，難以經濟、高效利用等問題。依託以上能量發電的二次能源體系，無論是分散式微型電網系統，還是大規模集中發電與併網系統，都需要對電力質量調控後才能使用。因此，發展電力能源轉化與儲存裝備十分必要，尤其是電化學儲能技術。

　　液流電池（flow battery）是一種利用流動的電解液儲存電力能源的裝置，它將電能轉化為化學能儲存在電解質溶液中，適合於大容量儲存電能使用。

　　全釩液流電池的工作原理如圖 2.34 所示，分別以含有 V^{5+}/V^{4+} 和 V^{2+}/V^{3+} 混合價態釩離子的硫酸水溶液作為正極、負極電解液，充電／放電過程電解液在儲槽與電堆之間循環流動，透過電化學反應，實現電能和化學能相互轉化，完成儲能與能量釋放循環過程。利用氫離子穿過隔膜後形成電流，與外電路共同構成閉合電路。

---

[001]　本節由清華大學王保國教授撰寫。

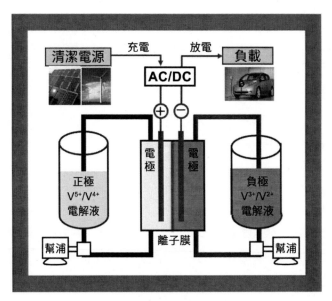

圖 2.34 全釩液流電池工作原理

　　質子傳導膜是全釩液流電池的關鍵材料，其作用是把流經電堆的正極、負極的電解液隔開，避免電解液中不同價態釩離子直接接觸，發生自氧化還原反應導致能量損耗。目前已有研發團隊採用聚偏氟乙烯（PVDF）材料，成功製備奈米多孔質子傳導膜及相關裝置，實現質子傳導膜的規模化批次製備，大幅提升液流電池經濟效能。

2.6
膜技術在健康醫療領域的應用 ⋯⋯⋯⋯⋯⋯⋯⋯⋯⋯

　　膜技術在醫療衛生領域的應用品種繁多，從醫藥用純水的製備和蛋白質、酶、疫苗的分離、精製及濃縮，到人工腎、人工肺等人工臟器的應用，都以各種高分子膜作為分離的核心技術，為廣大患者帶來了生命的希望。

以膜為基礎的醫療技術主要包括血液透析（人工腎）、氣體交換（人工肺）、血液過濾、血漿分離、藥物控制釋放等。

▶ 血液透析

血液透析是治療腎功能衰竭的常見方法。血液透析過程是在透析器內進行的，血液和透析液透過半透膜接觸進行物質交換，使血液中的代謝廢物和過多的電解質向透析液移動，透析液中的鈣離子、鹼基等向血液中移動。這種人造透析器具有人本腎臟的部分功能，被稱為「人工腎」，它能清除患者血液中的代謝廢物和毒物，調整水和電解質平衡，調整酸鹼平衡，達到一定的治療目的。

顯然，透析膜材料是影響血液透析治療效果的關鍵因素。透析的流程示意圖如圖 2.35 所示。

用於人工腎的中空纖維膜內徑為 200 ～ 300μm，外徑為 250 ～ 400μm。把 10,000 ～ 12,000 根纖維集束，兩端用無毒樹脂固定在透明的塑膠管中，膜的透析面積為 1m^2 左右。透析器長 200mm，直徑 70mm。

據非全面的統計，全球需要治療的人群數量起碼在 300 萬人以上，按每週每人透析 2 次（實際每週透析 3 次效果最好）計算，每年最少需要 2 億支血液透析器。隨著透析技術的不斷發展，對透析膜材料的要求越來越高，單一的膜材料不能充分滿足上述要求，對現有膜材料進行共混、接枝、鑲嵌，以及運用等離子體等技術對材料進行改性等，已成為今後一段時期內透析器膜材料的研發趨勢。

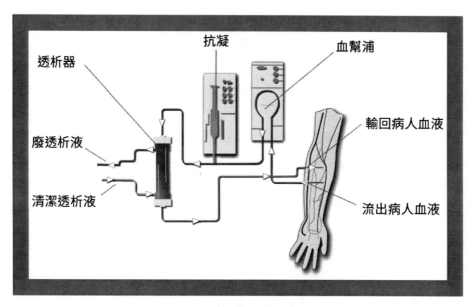

圖 2.35 血液透析流程示意圖

▶ 藥物控制釋放

　　控制釋放技術（controlled release）的優點在於釋放藥劑的濃度保持不變，藥劑的有效利用率高，普通吃藥方法藥的利用率只有 40% ～ 60%，採用控制釋放可提高到 80% ～ 90%。

　　圖 2.36 是一種用於包裹阿黴素的人造生物膜，可實現藥物緩釋功能，用於卵巢癌、多發性骨髓瘤等疾病的治療。該生物膜是利用膽固醇及磷脂高分子形成直徑約 100nm 的脂質體微球，將阿黴素裝載到微球中，用其製備成藥物製劑後，以注射方式注入人體，利用高分子生物膜的封鎖作用，實現藥物在人體血液系統的長時間循環。該產品在美國上市後每年產生數億美元的銷售額。

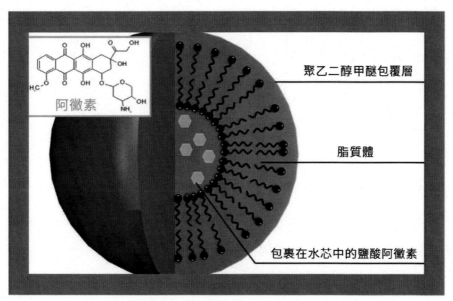

圖 2.36 生物膜包覆的阿黴素模型

2.7
膜技術未來發展 ·····

膜技術正處於發展階段，無論是在理論上還是在實踐上都有大量研發工作要做。尤其在以下幾個方面。

1. 繼續完善已經工業化應用的膜技術，進一步提高膜產品效能及降低成本，擴大應用領域，加強「工程化」、「自動化」。
2. 解決正在發展中的膜科學與技術理論、技術及工程問題，盡快推動新型膜技術的產業化應用。
3. 開發新型膜材料，加強膜材料的「功能化」、「超薄化」、「活化」研究。
4. 加強膜過程與其他分離過程的整合工藝研究和推廣應用。

▶ 新型高效能膜材料研發及製備

新型膜材料的研究焦點

（1）利用新材料製備高效能分離膜

利用碳奈米管、石墨烯等新材料製備高效能分離膜已受到廣泛關注。

（2）開發具有特殊功能的膜材料

具有生物膜功能的仿生膜材料；對環境進行感知、響應並能根據環境變化自動改變自身狀態和做出反應的環境響應的智慧膜材料；控制釋放膜、自組裝膜、有序多孔膜等功能膜材料。

（3）透過在分子層面上的預先設計，製備特定結構的膜

透過自組裝、離子濺射、原子沉積等方法，製備超薄膜以及具有有序孔結構的膜。圖 2.38 是電子顯微鏡拍出的具有有序孔結構的膜照片，其放大倍數為 20,000 倍。

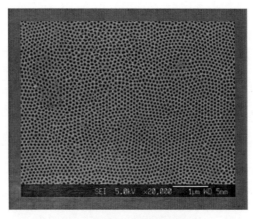

圖 2.38 具有有序孔結構的膜材料

正在開發的幾種新型膜

（1）仿生膜

生物膜是生物體中最基本的結構之一，主要由蛋白質、磷脂、糖、核酸和水等物質組成。生物膜經過長期的進化，形成了近乎完美的結構，具有許多獨特的功能。目前，要實現人工完全複製生物膜尚不現實。然而，可以透過對天然生物膜進行仿生研究，充分了解其結構特徵和生命功能，設計和製備與其結構和功能相似的仿生膜。

某些透過化學合成製備的仿生膜與某些生物活性物質具有相容性，能夠辨識某些特定的生物活性分子，因而可以作為這些生物活性分子的分離膜。比如，磷脂改性高分子聚合膜可以用於分離蛋白質等生物活性物質；利用磷脂的分子辨識功能，在膜材料上引入能夠辨識特定的蛋白酶的磷脂分子，就可以將蛋白酶固定在分離膜表面上，製成集反應和分離功能於一體的「仿生膜生物反應器」；如果將能夠辨識海洛因、嗎啡等毒品的磷脂分子引入分離膜中，用於血液透析，可以有效地脫除血液中的上癮物質，提高戒毒的成功率。

（2）智慧膜

智慧膜是智慧材料的一種，它的特性可隨環境和空間而變化，感知和響應外界物理和化學訊號，且具有特殊功能。例如，以生物膜為仿生原型，從分子水平設計的具有仿生脫鹽功能的離子通道膜，以及具有環境響應性和分子或離子辨識特性的仿生智慧膜，實現離子通道脫鹽和環境響應調控智慧膜過程。

智慧膜按照其結構來分類，可以分為開關型和整體型智慧膜。開關型智慧膜，是將具有環境刺激響應特性的智慧高分子材料，固定在多孔

基材膜上，使膜孔大小或膜的滲透性可以根據環境資訊的變化而改變，造成智慧「開關」的作用。整體型智慧膜，是將具有環境刺激響應特性的智慧高分子材料直接做成的膜。

根據智慧膜環境刺激響應因素的特性，可以將智慧膜分為溫度響應型（圖 2.39）、pH 響應型、離子強度響應型、光照響應型、電場響應型、葡萄糖濃度響應型以及分子辨識響應型等不同型別。

pH 響應型膜材料在弱酸性條件下（pH 值 6 ～ 6.5）可插入細胞膜形成跨細胞膜螺旋，透過利用腫瘤細胞外環境呈弱酸性的條件，可以實現腫瘤細胞的靶向給藥，因此它在腫瘤治療領域具有非常好的應用前景。

智慧膜在控制釋放、化學分離、生物分離、化學感測器、人工細胞、人工臟器、水處理等許多領域具有重要的潛在應用價值，被認為是 21 世紀膜科學與技術領域的重要發展方向之一。

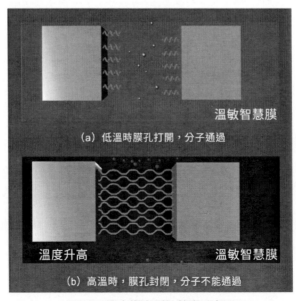

圖 2.39 溫度響應型智慧膜示意圖

（3）碳奈米管膜

碳奈米管被譽為「奈米之王」，由於其特殊的機械效能、光學效能和電子效能而受到關注。碳奈米管具有有序的孔道結構，有實驗研究發現，水可以快速地通過碳奈米管，因此在反滲透中使用碳奈米管膜可以在有效截留離子的前提下，實現比普通膜高數倍的水通過速率。圖 2.40 為碳奈米管通道結構示意圖。

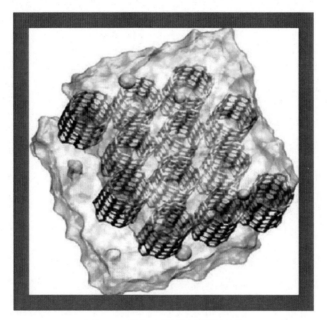

圖 2.40 碳奈米管膜及通道結構

▶ 整合膜過程

任何一種技術都不是萬能的，都有一定的局限性。因此在解決一些複雜的分離問題時，往往需要將幾種膜分離技術組合來用，或者將膜分離技術與其他分離方法，甚至反應過程結合起來，揚長避短，以求最佳

效果。將幾種膜分離過程聯合應用，被稱為「整合」（integrated），將膜分離與其他分離技術組合應用，被稱為「耦合」。一般統稱為整合膜過程。例如，膜分離與蒸發結合的整合過程，膜分離與冷凍結合的整合過程，膜分離與離子交換樹脂法結合的整合過程，膜分離與精餾結合的整合過程，膜分離與催化反應結合的整合過程等。

2.8
結束語

膜分離技術已顯示出它極好的應用前景，並將在 21 世紀的許多工業領域中扮演重要角色。

未來，膜科學技術的持續發展必須面對三個關鍵科學問題：功能與結構；結構形成與控制；應用與結構演變。膜科學技術的開拓性進展必須解決三個層次的問題：基礎科學問題、創新流程、重大工程應用。

圍繞上述問題，要建立面向應用過程的膜材料設計與製備的理論框架，建立膜及膜材料設計與製備的技術平臺。在技術層面上要解決對國民經濟有重要影響的特種膜，及膜材料的微結構控制和膜形成的關鍵問題，為膜領域的跨越式發展和膜技術在能源、水資源、環境保護和傳統產業改造領域的重大應用工程奠定技術基礎。

03

碳奈米管：架起通往太空的天梯

Carbon Nanotubes: Super Nanomaterial for Space Elevator

如果要在地球和月球之間上繫一根繩索，那麼碳奈米管是最適合的材料，既纖長又柔韌。作為效能優越又沒有汙染的新材料，碳奈米管可以在新材料領域承擔更多的職能。

為了讓碳奈米管這麼優秀的材料遍地開花，以滿足更多行業領域的需求，科學家不惜將碳奈米管當「韭菜」，終於培育出了萬畝「菜園」，讓碳奈米管可以取之不盡用之不竭。

本章主要介紹了碳奈米管這種新興的奈米碳材料的發現與製備的起因和背景，簡述了製備碳奈米管的主要科學原理、不同結構的碳奈米管生長和製備的控制機制，碳奈米管生產放大技術和產業化的實現。本章還從結構與效能關係和應用角度，討論了碳奈米管的強度特性應用、導電特性應用、儲能應用、半導體效能應用等。並且討論了碳奈米管作為一種奈米粉體的使用安全問題。最後對碳奈米管未來的應用前景進行了展望。

3.1
引言

「明月幾時有，把酒問青天」、「問詢吳剛何所有，吳剛捧出桂花酒」，這些美麗的詩句都是人們對於月亮的美麗遐想。但要跨越地球與月球之間遙遠距離，不能只靠幻想。從古代嫦娥奔月的神話到如今登陸月球的夢想成真，探索宇宙一直是人類孜孜不倦的追求。目前人們面臨的最大難題，是現有太空梭與運載火箭昂貴的造價和有限的運載力。

早在西元 1895 年，就有人提出「人造天梯」的夢想。現代人類也設想過，在地球與月球之間修建軌道，以方便運送物品，建立太空站，甚至在未來能夠實現人類的大遷移。1996 年，《科學美國人》（*American*

Scientist）進一步探討了「太空天梯」夢想中可能涉及的技術問題。提出要實現這個夢想，就必須找到製造天梯的材料。人們生活中常見的電梯，是由鋼索拉伸的。高樓或大橋都屬於長距離鋼索的使用案例。比如，美國著名的金門大橋上有兩根分別長約 2,331m、直徑為 92.7cm、重 2.45 萬 t 的主纜鋼索。每根主纜鋼索又由 27,572 根鋼絲構成，鋼絲總長度達到了 128,748km。然而如果跨越更長的距離，自重就會將鋼索拉斷。

科學家計算出，迄今為止，只有一種材料，能夠跨越從地球到月球的距離（約 38 萬 km）而不被自身的重量拉斷，那就是碳奈米管。如圖 3.2 所示，碳奈米管的抗拉強度高達 200GPa。其效能還可以用比強度來衡量（比強度是材料的抗拉強度與材料表觀密度之比）。碳奈米管的比強度是最強碳纖維材料（航空領域）的 43 倍，是芳綸的 58 倍，鋼鐵的 100 倍。因此，碳奈米管是目前綜合力學效能最為優異的材料。基於上述材料比選，科學家們認為，將超強、超輕的碳奈米管，整齊排列，做成軌道，是目前製造太空天梯的最佳選擇。

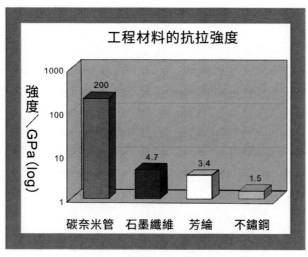

圖 3.2 不同材料的力學強度 [3]

當然，目前「人造天梯」只是一種科學幻想。然而這種神奇又極端的材料效能，卻引起了大家的重點關注。事實上，自從這個幻想被提出來之後，碳奈米管的其他優異效能也被不斷研究開發出來，掀起了極大的科學研究熱潮。

3.2
什麼是碳奈米管

碳奈米管，是奈米科技時代興起的產物，誕生於 1991 年，與國際上定義「奈米科技」這個詞彙是同一年。奈米，10^{-9}m，是一個長度的計量單位。碳奈米管，可以看作將一個很常見的、直徑 20cm 的鋼管直徑縮小千萬倍，再把材質由鋼換成碳而得到的產品。圖 3.3（a）顯示了一個直徑為 0.8nm 左右的單壁碳奈米管。其直徑是圖 3.3（b）中多壁碳奈米管直徑的 15 分之 1 左右，是圖 3.3（c）中人體的血紅細胞直徑的 4,000 分之 1 左右。而最小的碳奈米管，直徑只有 0.4nm，與一個氮氣分子的直徑差不多，其橫截面上不能並排放下兩個水分子。

大家一定好奇，這麼小的材料，人類是如何發現的呢？萬事皆有緣，碳奈米管的發現與人類探索浩瀚無邊的宇宙大有關係。長期以來，科學家始終認為其他星球的高溫高壓環境，可使原子自由組合，形成各種元素與分子。其中，長鏈炔烴（其組成要素是氫元素與碳元素）應該是星際分子中的代表之一。為了模擬太空的高真空環境與放電環境，科學家在實驗室搭建了高電壓的電弧放電裝置和高功率的雷射裝置。然後，用含氫氣氣源來轟擊碳靶，讓氫與碳自由組合。這一科學研究計畫不經意間開啟了碳時代的大門。首先，像足球結構一樣的碳分子，如 C_{60}

或富勒烯（Fullerene），就是這樣造出來的。克羅托（Harold Kroto），斯莫利（Richard E. Smalley）等科學家因此獲得了諾貝爾化學獎。這個漂亮的分子，只有 0.7nm 大小，非常可愛，是世界上最小的足球。由於碳－碳鍵的彎曲程度大，這類材料具有很高的活性，能夠與其他分子結合，變成藥物遞送體，在人體內暢通無阻，直達病灶。C_{60} 的發現在全世界掀起了強大的科學研究熱情，相關的技術與裝置也在不斷地改進中。日本電鏡物理學家飯島澄男教授，也是較早研究電弧法製備 C_{60} 的專家之一。與大家只關注氣體產物（含 C_{60}）不同，飯島教授更加關注碳靶被轟擊後，變成了什麼。這一不經意間的轉向，使人們首次（1991 年）看到了管狀材料碳奈米管 [1]。在放大幾十萬倍的電子顯微鏡下，碳奈米管呈現出迷人的對稱結構。完美的碳奈米管全部由碳原子構成，並且全部是由碳－碳六元環構成，像極了人們熟知的蜂巢結構，但卻比蜂巢小了太多。從另外一個角度想像，碳奈米管就像是一層薄薄的碳原子構成的六元環拼接在一起，捲成了一個筒狀結構，而且全部是無縫連線，是那麼的完美。這種材料是人工合成的，大自然中沒有，其精巧程度堪稱巧奪天工。飯島教授首次展示了碳奈米管與 C_{60} 的不同。C_{60} 由於要變成一個球狀分子，所以只有平面狀的碳－碳六元環是不夠的，必須有大量的碳－碳五元環與碳－碳七元環來封閉化學鍵。而碳奈米管是一個很長的材料，其軸向碳－碳六元環完美結構更多。所以，有科學家提出碳奈米管是先形成了半個 C_{60} 的帽沿（圖 3.4），碳原子不停地延著帽沿進行自組裝，而沒有及時封閉化學鍵 [2]。由於其直徑是奈米級的，所以，碳奈米管這個詞的命名，結合了元素特性、尺寸特性與結構特性，展現了科學家的嚴謹性。從此，「奈米」這個詞就被越來越多地嵌入材料的命名中。比如，奈米碳纖維、奈米矽線、奈米銀線、奈米分子篩等。

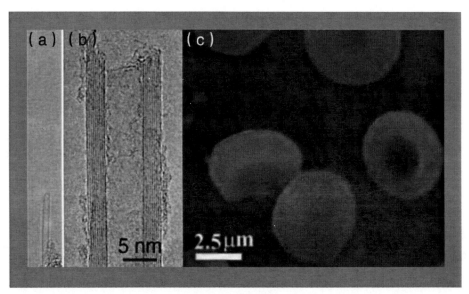

圖 3.3 碳奈米管

（a）單壁碳奈米管；（b）多壁碳奈米管；（c）血紅細胞，其中（a）與（b）為同一比例尺

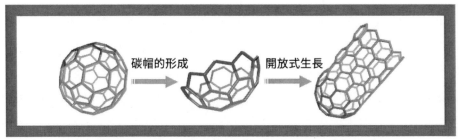

圖 3.4 C_{60} 結構，以及用碳帽延伸生長，製備碳奈米管的結構示意圖 [2]

　　同時，碳奈米管封閉時，碳－碳六元環的扭曲角度不同，其性質也截然不同（圖 3.5）。單層碳奈米管既可以是完全導電型的，也可以是半導體的。由於完美結構的碳奈米管，其各種物理與化學性質可以用物理模型計算，而得到的驚奇效能，又大大拓展了人類的想像空間。

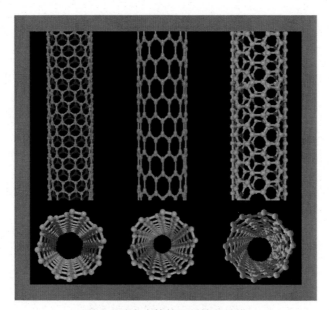

圖 3.5 碳奈米管的三種捲曲結構

> **手性**：指一個物體不能與其映象相重合，如我們的左手與互成映象的右手不重合。碳奈米管的手性指的是不同的捲曲方式，可以用結構指數（n，m）表示，決定了碳奈米管的電子輸執行為。

　　單壁碳奈米管是一種由單層石墨捲曲形成的管狀結構；多壁碳奈米管是由多層石墨共軸，形成類似樹幹的一維管狀結構。由於碳碳原子之間的 sp^2 雜化，碳奈米管的楊氏模量高達 1.2TPa，斷裂伸長率高達17%。碳奈米管捲曲的結構指數（n，m）決定了其直徑和手性，也決定了碳奈米管的金屬性、半導體或小帶隙半導體性的電子輸執行為。碳奈米管還具有可調的化學表面、中空的內部腔室以及極好的生物相容性。這些新奇的性質為其帶來了許多實際應用[3]，如導電、電磁、微波吸收和高強度複合材料；超級電容器或電池電極；催化劑和催化劑載體；場

發射顯示器；透明導電膜；掃描探針；藥物輸送系統；電子裝置；感測器和執行器等。

可以說，從 1991 年起，碳奈米管變成了材料科學、物理、化學、儀器各領域內最熱門的研究課題，獨霸奈米科技前沿十餘年。即使到目前，碳奈米管仍然是研究最為充分、關注度最高的新型奈米材料，其關注的焦點也逐漸從可控製備、結構表徵過渡到效能發揮及應用研究。

3.3
碳奈米管是如何製備的？

▶ 碳奈米管的生長原理是什麼？結構能控制嗎？

人們不禁要問，這麼小的碳奈米管是如何製造出來的呢？

顧名思義，碳奈米管是由碳原子構成的管道，但可不是我們通常見到的鋼管或塑膠管，無法透過銲接或者澆鑄製得。碳奈米管直徑只有幾奈米，我們所熟悉的工具（如鑷子，針尖等）都要比碳奈米管大得多，工件尺度發生本質的變化，製造的方法就會不同。

如前文所述，用電弧照射碳靶，瞬間產生高溫，碳原子氣化，冷凝時碳原子進行自組裝可形成碳奈米管。目前所有的碳奈米管都是用碳原子自組裝的方法形成的。這個過程中，碳是從蒸氣直接變成固體的，因此，這種生長模式稱為蒸氣態－固態（vapor-solid）機制。也可以用雷射等高溫方式將碳氣化，但電弧與雷射的溫度大都高於 2,000℃，這就要求電弧腔中或雷射腔中不能有含氧性介質，否則碳奈米管馬上就燃燒了。這些裝置複雜又昂貴，還不能批次製造。

　　科學家發現，可以用含碳的氣體或液體（通常是碳氫化合物或碳水化合物）替代碳靶，分解溫度可以降到 1,000℃以下。如果在製備過程中，再引進金屬催化劑，分解溫度還可以繼續降低，且生長效率大大提高。上述過程，可用化學方程式表示：

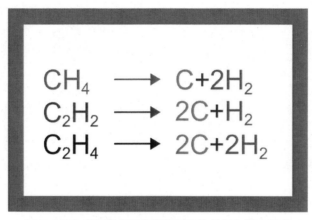

$$CH_4 \longrightarrow C+2H_2$$
$$C_2H_2 \longrightarrow 2C+H_2$$
$$C_2H_4 \longrightarrow 2C+2H_2$$

圖 3.6 催化裂解製備碳奈米管過程的幾個化學方程式

　　從這些化學方程式（圖 3.6）看出，這些烴類裂解，只說明生成了碳。而碳的形態很多，可以是碳奈米管，也可以是其他碳的形態，包括焦炭、金剛石、碳纖維、石墨等。之所以能夠形成碳奈米管，完全是由溫度與催化劑所決定的。其原理是，碳與金屬在 500 ～ 1,000℃生成一定組成的碳化物（如 Ni_3C，Fe_3C），當碳源繼續分解時，碳的比例就會超過金屬碳化物的組成，產生碳原子的過飽和析出現象，自組裝成碳奈米管［圖 3.7（a）］。在高溫下金屬催化劑很容易燒結，所以一般金屬會負載或嵌入載體（比如氧化鋁、氧化矽、分子篩等）或基板（如 Si 等）中，以提高金屬的分散度，降低用量，並提高高溫穩定性。當金屬與載體（或基板）的結合力較弱時，碳就從金屬的底部析出，碳奈米管位於二者中間，將載體（或基板）與金屬分開。這種碳奈米管在下、金屬催

化劑在上的模式稱為頂部生長模式〔tip-growth mode，圖 3.7（b）〕。相反，當金屬與載體（或載體）的結合力很強時，碳奈米管就從金屬頂部析出。這種碳奈米管在上、金屬催化劑在下的模式被稱為底部生長模式〔root-growth mode，圖 3.7（c）〕。

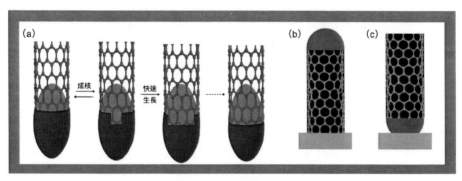

圖 3.7 自組裝的碳奈米管

（a）碳奈米管的生長機理（紅色的碳原子，在藍色的基球與灰藍色的管的結合部位，進行自組裝）

（b）碳奈米管的頂部生長模式（黃色表示基板；紅色球代表催化劑；綠色碳奈米管處於紅色球與黃色基板中間）

（c）碳奈米管的底部生長模式（黃色表示基板；紅色代表催化劑；綠色碳奈米管處於紅色球上面；紅色球與黃色基板不分開）

　　實驗發現，有金屬催化劑存在時，不但碳奈米管的製備條件變得溫和，而且可以製備各種形狀的碳奈米管。採用的金屬催化劑不同，製備出來的碳奈米管粗細和長短也不同。比如，採用鎳催化劑時，其活性高，溶碳能力強，碳在析出的時候會「節外生枝」，不但在軸向生成平行的碳層，而且在徑向生成橫向的碳層，這種碳奈米管也稱作竹節狀碳奈米管。另外，碳層在催化劑上析出時，並不一定形成封閉的管狀結構，也可以按照金屬的晶面形狀進行一層一層地沉積，看起來像鯡魚骨架，這種碳奈米管也稱作鯡魚骨狀碳奈米管。

又比如，利用類似的催化劑調變的方法，還可以製備彈簧狀的碳奈米管。研究發現，筆直的碳奈米管的剖面結構中，碳層是平行排列的［圖 3.3（b）］。而彈簧狀的碳奈米管，剖面結構一側的碳層總是高於另一側，這說明只要有一側的碳層生長得快，就會導致碳奈米管彎曲，從而生成碳彈簧。某大學化工系的研究人員設計了一種鐵鎳合金催化劑，精確控制鐵與鎳的比例，在金屬晶粒表面生成鐵與鎳共存的相結構。鐵裂解乙烯的活性低於鎳，鎳一側沉積出來的碳層數遠多於鐵一側沉積出來的碳層數，就自然地形成了彈簧狀碳奈米管。

又比如碳奈米管的外、內徑的控制。研究發現，大多數情況下碳奈米管的外徑與金屬催化劑的粒徑有關。科學家透過選擇金屬催化劑不同的粒徑，已經得到 1.5 ～ 100nm 不同直徑的碳奈米管。金屬顆粒在高溫下容易燒結，金屬催化劑的晶粒就會存在著一定的尺寸分布，因此製備所得的碳奈米管的外徑也會不均勻，存在一定的直徑分布。原則上講，製得的碳奈米管的直徑分布越窄越好，當然技術要求也會越高。

相比於碳奈米管外徑的控制，其內徑控制的難度比較大。某大學化工系的研究人員根據碳與金屬催化劑的位置關係，發現對於一個比較大的金屬顆粒，基本是金屬的外表面沉積出的碳形成碳管的外層，金屬內部沉積出的碳形成碳管的內層。同時從碳的沉積距離上講，也可能是先沉積出來的碳形成外層，後沉積出來的碳形成內層。他們發展了鎳基催化劑選擇性中毒的方法，利用金屬催化劑不同位置碳擴散的距離的細微差異，很有效地控制了碳奈米管的內徑。

可見碳奈米管的製備充滿挑戰。科學家們希望能隨心所欲地製備各種碳奈米管，這還有待進一步的努力。

▶ 如何大量製備碳奈米管？

在碳奈米管發現的前 10 年（1991 ～ 2000 年），碳奈米管產量非常低，價格比黃金還貴（高達 100 ～ 1,000 美元 /g），只適合大學與科學研究院所科學研究之用。要使碳奈米管得到廣泛應用，批次廉價地生產是關鍵。從技術角度分析，批次製備碳奈米管的困難主要在於碳奈米管細而長，會像菟絲子一樣互相纏繞、擠壓，亂作一團，堵塞反應器，無法正常進料，產物也無法及時取出。

> **化學反應器**，是化學化工實驗或生產上進行化學反應的裝置，簡稱反應器。本文是指將碳源變為碳奈米管的高溫容器，裡面進行著複雜的化學反應與材料生長過程。

某大學的研究人員設計了金屬氧化物基球，負載奈米金屬顆粒的催化劑，透過對基球結構的巧妙設計，把生成碳奈米管用的催化劑設計成了分形結構（圖 3.10 上）。隨著碳奈米管的不斷生長，使得每一個基球都具有分裂的屬性（圖 3.10 左下），變得體積更小，數量更多（圖 3.10 右下），這個過程如同細胞分裂一樣。當碳奈米管生長速度非常快，且長得特別長時，其中的基球占比就逐漸變小。但無數個基球的存在，使得碳奈米管的聚集纏繞狀態，不像菟絲子的結構，而變成了棉花糖的形狀（裡面充滿了氣體，密度很小）（圖 3.11），可迅速充滿整個反應容器。

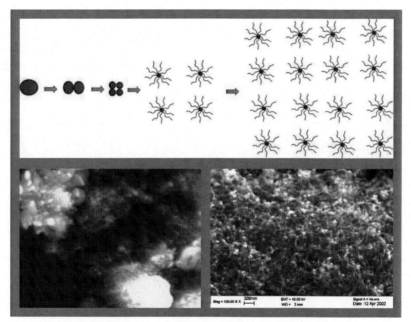

圖 3.10 設計為分形結構的催化劑用於生成碳奈米管
催化劑基球裂變及碳奈米管生長的示意圖(上)
催化劑基球逐漸破碎的電鏡圖片［發光的為逐漸破碎的催化劑(左下)］
最後催化劑基球都變為奈米顆粒(右下)

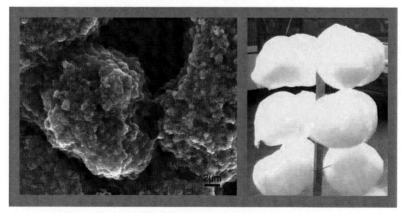

圖 3.11 碳奈米管聚團間的結構(左)和棉花糖結構(右)

這種催化劑技術，使得碳奈米管相對於基球的體積與質量都非常大，碳奈米管純度非常高。研究人員開玩笑地說，這樣生產碳奈米管就像印鈔票，是現代版的點石成金。這也使得國際碳奈米管的價格，在過去的 15 年內下降至原來的千分之一。

此外還有一種製備碳奈米管的方法，就是一個奈米金屬催化劑顆粒上生長一根碳奈米管，如果有多個奈米金屬顆粒存在，就可以同時生長出多個碳奈米管，非常整齊，被稱為碳奈米管陣列。科學家把許多非常細小的奈米金屬顆粒灑在一個平整的基板（如矽片）上，碳奈米管會朝著一個方向生長，金屬顆粒越多，生長出來的碳奈米管越多，排成非常緊密的束，也非常直，就像一束束金針菇（可以叫做金針菇陣列）或韭菜陣列。

某大學化工系的科學研究人員把金屬催化劑負載在陶瓷球上，碳奈米管在陶瓷球表面整齊生長，就像草莓或懸鈴木的果實。這種方法借鑑了自然界植物種子的生長結構（在一個球體上垂直生長種子數量最多），既降低了基板的價格，又提高了碳奈米管的生長效率，一舉兩得。

除了研究催化劑與模板結構外，科學家還針對不同的氣體原料（碳源）開發了不同的反應裝置。對於乙烯，丙烯，乙醇等容易轉化的原料，直接使用溫度均勻的流化床反應器就可以實現大批次製備。但是這些原料都是化工產品，比較昂貴。如果能夠利用天然氣製備碳奈米管，則可以大幅降低成本。然而，天然氣比較難以轉化，生長溫度比較低時，生成的碳少，效率比較低；生長溫度很高時，天然氣轉化很快，催化劑上生成的碳太多，來不及變成碳奈米管，而一層一層的碳會把催化劑包住，形成洋蔥結構，導致催化劑失活。

> **流化床**：流化床反應器是指在高速氣流或液流驅動下，將固體顆粒懸浮，像流體一樣運動，並進行氣固相反應或液固相反應的反應器。比如很大的風，把砂粒吹到空中，隨著氣體一起運動的過程，也是一種流化過程。

　　為此，某大學化工系的研究人員設計了一種垂直分割槽的流化床反應器（圖 3.14 右），下段溫度 700℃，上段溫度 850℃，金屬催化劑被含碳源的氣流吹著進入反應器。在 850℃的高溫區，催化劑高效催化中生長碳奈米管的效率要比 700℃的溫度區中高得多。在 850℃的溫度區中催化劑受重力的作用，自然向下落到下段 700℃的區域，這樣，氣流在反應器中上下翻滾，大約不到幾秒鐘就能循環（在上下段的不同溫度區中）一次。當金屬催化劑掉到 700℃的溫度區中時，它的活性弱了，不再生成碳，而只把原來的碳析出來。所以，科學家的安排就相當於做了一個分工，在上段的高溫區碳源分解，而在下段的低溫區碳原子析出自組裝成碳奈米管。

　　從尺度上看，微小的金屬顆粒析出碳奈米管的過程發生在奈米尺度上，而流化床反應器常常高達幾公尺甚至幾十公尺（圖 3.14 右下）。這就是典型的運用宏觀的、我們熟悉的方法來進行奈米尺度上的調變，充分展現了科學家們的智慧。正是這些技術，使碳奈米管實現了批次製備（圖 3.14 左下）。大批次生產，使碳奈米管價格進一步降低。目前有些碳奈米管的價格，已經低於高效能塑膠的價格，碳奈米管的應用離大眾越來越近了。

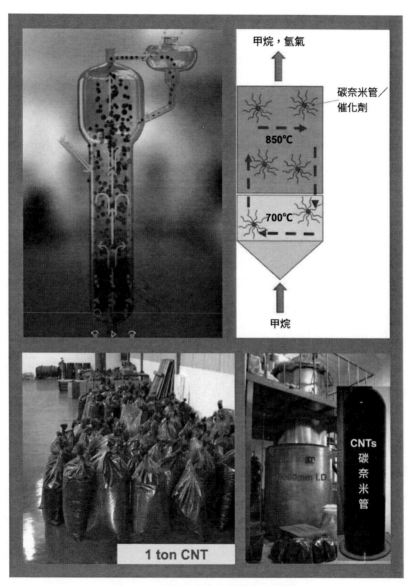

圖 3.14 垂直分割槽的流化床反應器
整體溫度均勻的流化床反應器（左上）
上下兩段溫度不同的流化床反應器（右上）
大批次碳奈米管的照片（左下）及生產碳奈米管的裝置（右下）

3.4
碳奈米管的應用 ···

▶ 鋰離子電池

鋰離子電池是一種新興的電化學儲能系統。現有鋰離子電池中,以磷酸鐵鋰或三元材料(鎳鈷錳、鎳鈷鋁、鎳錳鋁等含鋰化合物)為正極材料,以石墨或其他碳材料為負極。磷酸鐵鋰為顆粒性材料,其導電性很差,需要其他導電性材料來提高導電功能。三元材料的導電性優於磷酸鐵鋰材料,但用於動力電池還是不能滿足要求。動力電池要求充電量大,能快速充電和快速啟動,要有高導電性。這就要求新增導電劑。目前,導電劑材料主要是碳黑。然而,碳黑顆粒間接觸是點對點接觸,導電性也不能滿足更高要求。

碳奈米管作為一種線性材料,建構導電網絡的能力比碳黑強得多。而且用碳奈米管做負極材料,材料用量大大減小,也增加了正極材料的占比。這些都有利於提高電池的充放電效能。另外,碳奈米管很細、很柔軟,其導電網絡可以有效黏附在不同正極材料顆粒的表面,從而不影響電池極片的加工效能。這個領域已經實現了工業化,碳奈米管已經發揮了很顯著的作用。

▶ 新一代環保材料

環境保護用材料也與能源一樣有著龐大的市場需求,碳奈米管在該領域也有廣闊的應用前景。比如,固體廢物中人們關心的 PM2.5,懸

浮在大氣中，很難去除，容易形成霧霾，容易吸入呼吸道，影響人類健康。傳統的口罩雖然阻擋效果不錯，但使用久了很憋氣。碳奈米管由於長徑比極大，很容易加工成薄膜結構，比表面積與空隙率大，既可有效黏附 PM2.5 顆粒，透氣性也好（圖 3.16）。

去除廢水廢氣中的有機物一般使用活性炭，由於活性炭是微孔為主的材料，微孔為三維拓撲結構，像迷宮一樣，吸附能力尚可，但脫附效果不好，不能長期循環使用。碳奈米管是直通孔，可以利用其外表面吸附有機物，由於孔徑在介孔範圍（>2 ～ 5nm），比活性炭的微孔（0.4 ～ 2nm）大很多，碳奈米管吸附劑具有吸附能力強、脫附能力也強的優勢。此外，在脫附再生時需將吸附劑加熱，再切換回吸附操作時還需降溫，這就要求吸附劑具有良好的導熱性。而碳奈米管的導熱係數是活性炭導熱係數的 1,000 倍以上，升溫快，降溫也快，利於吸附與脫附的快速切換。

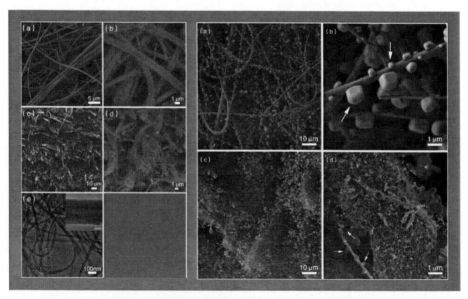

圖 3.16 利用碳奈米管膜捕集 PM2.5 前後的結構

　　利用這種技術，可以處理化工廠罐區的揮發性油氣，可以處理城市加油站的揮發性油氣，或者吸附製鞋廠用膠時產生的揮發性溶劑，也可以把廢水中的有機物去除以達到民用自來水的標準，用作工業循環水。

　　還有一點值得一提，經過吸附濃縮後的有機物一般直接焚燒或催化氧化。從循環經濟的角度考慮，某大學化工系的研究人員開發了一種將濃縮的有機物用作製備碳奈米管的原料的專利技術。如圖 3.17 所示，把兩個裝置中裝滿了碳奈米管吸附劑。把 100% 的有機廢水透過一級吸附時，大部分有機物被吸附在吸附劑上，排出的 90% 的廢水達標排放。如果把吸附劑上的 10% 濃縮的有機物脫附下來，經過二級吸附，進一步濃縮為總量 1% 的高濃度有機物（其餘 9% 的廢水達標排放）。這樣可以利用前文的催化劑與反應器技術，將其轉化為碳奈米管，而碳奈米管又可以繼續用作吸附劑。該技術可以顯著降低碳奈米管的成本，從而加快碳奈米管吸附劑的應用。目前該技術正在進行工業實驗，有望很快獲得突破。

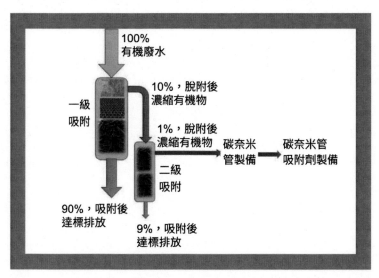

圖 3.17 利用碳奈米管吸附劑處理有機廢水，並且將濃縮物利用的示意圖

碳奈米管：架起通往太空的天梯
Carbon Nanotubes: Super Nanomaterial for Space Elevator

▶ 結構增強材料

在航太、水陸交通運輸等行業，對輕質化、強度高的結構增強材料的追求始終如一，它是汽車、飛機、艦船實現結構堅固、行駛安全、節省能源、經濟性好的重要保證之一。僅以航太為例：對軍用飛機而言，輕質化、高強度，可使續航里程增加，作戰半徑增大，更好地適應各種惡劣天氣條件，提高作戰能力；對民用飛機而言，可以大型化，節省燃油，提高經濟性。大型飛機使用了大量的碳－高分子複合材料，獲得了很好的節油效果。對太空梭而言，可以增加有效載荷。碳奈米管在力學方面的超輕、超強、超韌的優勢，作為結構增強材料，正好滿足這些苛刻的要求。未來，將碳奈米管逐漸替代碳纖維、玻璃纖維等材料，新增在金屬、塑膠等材料中，做成的複合材料會更輕、更堅固。同時，將碳奈米管編織成特定的結構，可進一步提高強度與韌性需求，這是目前的研究焦點。

汽車用的橡膠輪胎中，通常新增約 30% 的碳黑用於增強。用碳奈米管代替碳黑，用量少，而且由於碳奈米管的長徑比極大，易在橡膠中形成一個導電導熱的網絡，可以防止輪胎的氧化，減少摩擦損耗，從而延長輪胎壽命，由目前的五年一換提升至十年或二十年一換，可以大大節約資源。目前這樣的輪胎製造技術已經基本成熟，但是大規模量產還需要考慮成本因素。預計碳奈米管的產量再增加 10 倍左右時，輪胎行業就能夠承受製造成本。

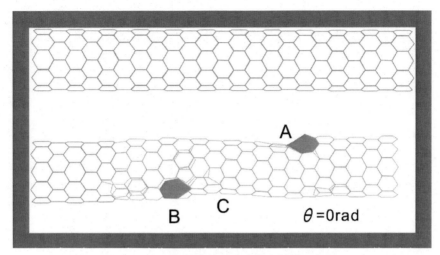

圖 3.20 有、無缺陷的碳奈米管之結構示意圖
上：碳－碳六元環碳奈米管；下：存在缺陷（碳－碳五元環與七元環的組合）的碳奈米管

　　但是，以往各種材料中新增碳奈米管，一般用的是較短的碳奈米管。其實，碳奈米管本身也可以製成很長的繩子，實現高強度功能 [4]。然而，這樣強度的碳奈米管必須完全由碳－碳六元環構成，一旦出現一個碳－碳五元環與七元環的組合，碳奈米管的強度就會急遽下降（圖 3.20），斷裂伸長率由 17% 下降到 3% 左右 [5]。因此，製備長且結構完美的碳奈米管是一個重大挑戰。

　　2004 年，科學家開發出一種能夠製備長碳奈米管的方法，把催化劑種子固定在基板的一端，當碳奈米管開始生長時，部分碳奈米管受到 Seeback 力（熱升力）的影響，可以懸浮起來。這樣碳奈米管一頭在平板上，一頭在氣流中自由生長 [6]。碳奈米管長度可達 4cm，這種生長原理很像放風箏。某大學化工系的科學家則發展了一系列高效率的方法，可使這種碳奈米管生長速度達到 80 ～ 90μm/s（如植物中生長最快的毛竹一樣快）。他們在 2010 年首次將單根碳奈米管生長到了 20cm，又在

2013 年達到 55cm。最近他們又將這樣的碳奈米管進行預拉伸，首次在世界上得到了拉伸強度達 80GPa 的碳奈米管束。這樣優異的材料效能，引起了科學家與工程界的強烈關注。目前科學家正在全力開發量產這種優異材料的技術，預計會在未來有所突破。

> **微孔**：絕大部分材料在極小的微觀層次上都是有孔的。根據國際純粹與應用化學聯合會（IUPAC）的定義，孔徑小於 2nm 的稱為微孔，孔徑大於 50nm 的稱為大孔，孔徑在 2 ～ 50nm 的稱為介孔（或稱中孔）。

▶ 壁虎腳仿生

有時人類發展科技的動力是來自於模仿大自然的慾望。例如，壁虎可以在平滑的牆壁上來去自如，可以倒掛在天花板上不掉下來，為什麼呢？壁虎的這種本領有極大的實用性，比如現代城市中的大樓高聳入雲，清掃樓面的外牆是一件很危險的工作。人類如果能夠有壁虎那樣的本事，就簡單多了，所以人們極想模仿。藉助於先進的電子顯微鏡，科學家發現，壁虎之所以能夠黏在天花板上，在牆壁上快速攀爬（圖 3.22），主要原因是牠腳墊上有數百萬個微型剛毛。這些剛毛可以直接插入牆壁或天花板的微孔中，與孔道存在著一定的凡得瓦力作用。雖然每根剛毛產生的凡得瓦力非常微小，但是數百萬根剛毛所產生的凡得瓦力的總和，足以讓壁虎攀爬在光滑的表面上，或倒懸掛在天花板上 [7]。當壁虎移動時，只需要將腳稍稍抬起，減少與壁面接觸的剛毛數量，附著力就會減小，壁虎就可以抬腳移動。這些動作可以在瞬間完成，所以人們可以看到壁虎在天花板上快速移動。

凡得瓦力作用：凡得瓦力，是一種弱的靜電引力，只存在於分子與分子之間或惰性氣體原子之間。

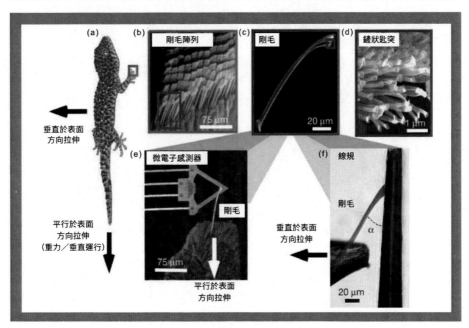

圖 3.22 攀爬的壁虎

（a）壁虎示意圖；（b，c，d）壁虎腳的微觀結構；（e，f）黏墜力測量（注：壁虎腳垂直用力是不能將腳面與壁面分開的，只有將腳的一邊翹起，才能將腳面與壁逐漸剝離）

　　依據這一思路，科學家製備了碳奈米管陣列（圖 3.23），非常整齊，非常密實，毛茸茸的，像壁虎腳底的剛毛。一小塊不到 $1cm^2$ 的碳奈米管陣列就能掛住一本 3.5kg 的字典[8]，非常神奇。這種特性，既應用了碳奈米管的軸向強度，又應用了大量碳奈米管密排後的形成奈米點陣的力。

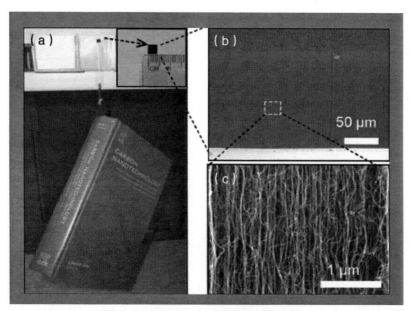

圖 3.23 仿生碳奈米管陣列

（a）一個非常小的碳奈米管陣列塊吊一本大詞典；（b，c）碳奈米管陣列放大後的結構

　　目前科學家已經可以熟練地製造這種結構。當然，這種結構還存在著一些弱點，比如，如果碳奈米管表面上黏上了灰塵，其與天花板間的黏附力就會大幅下降。壁虎是活的動物，牠有各種方法來清潔腳上的剛毛，但對於碳奈米管，如何使其具備自體清潔功能就又是一個非常重要的課題了。

▶ 下一代半導體材料

　　電腦是資訊革命的基礎，晶片是電腦的心臟。從材料學角度，晶片是在超高純度單晶矽材料上，利用雷射與化學刻蝕相結合的方法，加工各種溝槽，然後再針對性地摻雜，構成電路裝置。比如用氯氣與矽片反應，在雷射的作用下，生成的四氯化矽汽化後，就在矽片留下了痕跡。

雷射束控制得越小,參與的氯氣流控制得越細,刻蝕的痕或槽就越細。這種技術完成了 100nm、50nm,以及目前 7nm 的微晶片加工。但由於雷射加工技術的不穩定性,對於更細溝槽的加工將越來越困難。但是,如果在 5nm 的刻槽中填充直徑小於 1nm 的半導體型碳奈米管,或者在不同的碳奈米管間或用單根碳奈米管建構邏輯電路,可以調變的空間還是非常大的。因此,碳奈米管的出現,為奈米尺度的加工提供了更多的選擇方式,受到了國際一些大公司的高度重視。

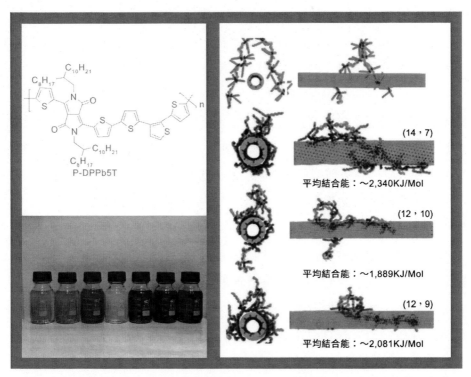

圖 3.24 利用化合物與不同碳奈米管的作用力不同,分離得到的彩色碳奈米管示意圖

目前利用碳奈米管做積體電路有兩種技術路線,一個是在事先刻好的矽片溝槽中填充非常小的半導體型碳奈米管,構成 PN 接面電路。IBM

公司利用這種方法，已經製造出了裝置原型。這一技術的關鍵在於成功製備小直徑全半導體型的碳奈米管。目前已經製備出純度達 90% 的半導體型碳奈米管，再用分離技術，可得到 100% 純的半導體型碳奈米管。利用各種凝膠和蛋白質分子與不同性質碳奈米管的特異性作用，可以分離出螺旋角（n，m）不同的碳奈米管。這些碳奈米管呈現不同的彩色（圖 3.24）。根據不同的顏色，可以將半導體型的碳奈米管收集起來，用於半導體裝置加工。這條技術路線進一步發展方向是，開發連續的分離流程和更加便宜的分離劑，進一步提高分離選擇性。

另一個路線是製備非常長的全半導體型的碳奈米管。目前某大學化工系製備了世界上最長的全半導體型碳奈米管，長度在 55～70cm。另一所大學微電子所利用這種碳奈米管，做出了許多性質優異的電路。這種方法的好處是在一根很長的、性質非常均一的半導體碳奈米管上，可搭建幾百萬個 PN 接面單元。目前這兩種方法都只做出了電路原型。科學家正在設法提高這種超長碳奈米管的產量，以推進這些應用的研發。

目前這兩種方法都只做出了電路原型，離大規模積體電路要求的一致性相差還很遠。但無論如何，利用半導體碳奈米管裝置做出的場效應電晶體，開關比高達 $10^6 \sim 10^8$，而矽基半導體的開關比在 10^2，這充分顯示了半導體碳奈米管在半導體、通訊行業的潛力與魅力。然而，目前半導體行業製造大規模矽基積體電路，已經發展成為非常複雜的工業。如何把離散的碳奈米管組建成如此複雜的電路網絡，還需要在材料一致性、加工方式、材料 CP 值等方面，繼續解決無數科學與技術難題。這塊龐大的應用潛能，值得人們繼續探索。

3.5
碳奈米管安全問題 ···

　　直接製造的碳奈米管密度很小，為空氣的密度的 3 ～ 10 倍。這就意味著噸級的碳奈米管體積幾乎大到好幾個房間都放不下。這就產生一個問題，這樣輕的產品，可能會像病菌一樣易在空氣中飄浮，極易像花粉一樣被人吸入體內。吸花粉得花粉病，吸石棉廢渣得「石棉肺病」，如果碳奈米管進入人體後，會不會對人體產生影響呢？

　　在國際上，科學家對於這種新而奇的物質進行了廣泛的病理與毒理研究。其實碳奈米管是一種碳單質，化學成分並無毒性。但是由於其非常小，能夠通過皮膚，穿透細胞。比如，有科學家研究了碳奈米管對於植物種子發芽過程的影響。一些織構堅硬的植物種子，水浸入其表皮非常難，因此生長過程很慢。而利用碳奈米管穿入這些種子內部後，這些種子的吸水性大大加快，生長非常快（圖 3.26）[10]。實驗顯示，碳奈米管的滲透能力還是很強的。

　　在搞清楚碳奈米管對人體是否有影響之前，科學家會遵循臨床試驗的規定，先以小白鼠為對象進行實驗。比如，把碳奈米管摻在食物中餵養小鼠，然後用高級的儀器來檢測有無病變產生。目前的研究結果十分混亂，大約 50% 的研究認為碳奈米管可以停留在組織內部，引發腫瘤生成，而另外 50% 的研究說沒有問題。有的科學家甚至把碳奈米管故意注入大鼠體內，利用其發射的物理訊號進行癌症的排查。整體來說，目前對於接觸碳奈米管是否致病還存在分歧，其原因可能在於大家使用的碳奈米管長度與直徑不盡相同。

　　所以，為了人類的健康，抱著一種嚴肅而負責任的態度，仍然有必要將此類安全研究進行下去。目前碳奈米管的製造已經形成一個產業，

這也預示著，只要遵循粉塵防護的規定，大可不必對此安全問題驚慌失措，因噎廢食。

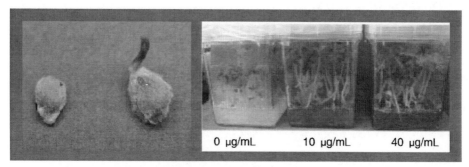

圖 3.26 碳奈米管對植物種子發芽過程的影響
左：正常處理的種子（小）與浸入碳奈米管的種子（大）；右：在培養液中加入不同碳奈米管生長的植物

3.6
結束語

　　碳奈米管在聲、光、電、力、熱、磁方面都具有其他材料無可比擬的優勢，是 21 世紀奈米研究的熱門焦點。多年來，透過科學家不斷地對碳奈米管結構與效能的研究，以及大規模工程製備技術的開發，碳奈米管的應用已經走到了其他奈米材料的前列。

　　然而，碳奈米管仍有許多高階特性還遠遠沒有得到開發與應用。儘管在超強材料的應用與半導體應用方面，分別代表了兩個高階產業的最高水準，但仍值得行業不斷努力。同時，碳奈米管作為量子材料，在超潤滑材料，彈道輸運材料，奈米反應器等方面的研究，都還處於新興階段。還有無數新奇、有趣和未知的研究階段，期待年輕一代的加入，去勇敢探索和開拓。

04

石墨烯：新材料之王

Graphene: King of New Materials

　　石墨烯在材料領域已經樹立了不可動搖的地位，得到了各路科學家對它的尊崇，石墨烯為當代科技實現了很多神奇的功能，也為未來科技發展、為科學家實現一個童話般的科幻世界提供了各種可能性。

　　石墨烯的發現是機緣巧合的偶然，石墨烯的成長卻是科學家智慧堆積的必然。

　　從遠古的石器時代、青銅時代、鋼鐵時代到如今的矽時代，人類文明的發展歷程與使用材料的進步並軌相行。21 世紀初，石墨烯的發現為我們開啟了新材料時代的大門。石墨烯是由與鉛筆芯成分一樣的碳元素構成，只有一個原子層厚度，但卻擁有其他材料所無法比擬的眾多優勢和效能，被譽為「新材料之王」，短短數年已在全球引發了一場研究熱潮和技術革命。石墨烯為什麼能被寄予如此高的期望？它又將如何改造我們的世界，帶領我們邁向下一個發展階段？本章就將為大家講述石墨烯的前世、今生和未來，解讀石墨烯的發現歷史、特殊性質、製備技術和應用前景。

4.1
材料發展與人類文明

　　除了空氣和水，在我們的生活中還有什麼無處不在的東西呢？

　　環顧四周，我們可以發現，喝水的杯子由玻璃製成，身上穿的衣服由纖維製品織成，閱讀的書籍由紙構成，家裡的衣櫃由木頭製成，居住的大樓由鋼筋水泥建造而成……目之所及均由不同的材料製成。可以說，材料早已滲透進了我們的衣食住行，是人類賴以生存和發展的物質基礎。什麼是材料？材料就是人們用來製造有用物體（物品、裝置、構

件、機器或其他產品）的物質。

顯然，今天的人類生活已經無法離開材料。而人類使用材料的歷程幾乎與人類文明的歷程並軌相行。早在數萬年前，人類開始使用最早的材料之一 —— 石頭 —— 鑄造器物。石器的誕生是人類古老智慧的表現，也象徵著人類開始與其他動物區別開來，一個重要的時代 ——「石器時代」—— 也由此開啟。隨著認知的不斷進步和加工技術的發展，人類對於材料的使用邁入新的階段，從單純打磨外形到改變其性質。於是，同樣以材料命名的「青銅時代」、「鐵器時代」等接踵其後。以一種材料作為一段人類文明的註腳，這種命名方式足以說明材料之於人類發展的重大意義[1]。值得注意的是，每一種新材料從初次發現到可控製備，再到為民所用，直到最終的普及和推廣，不僅需要初期的洞察力和創造力，即化學、物理等理論科學知識，也需要精巧有效的製造工藝，即化學工程等工程科學和技術。

隧道效應：隧道效應是一種由微觀粒子波動性所決定的量子效應，又稱勢壘貫穿。按照經典力學，粒子不可能越過一個高於其能量的勢壘，而根據量子力學微觀粒子具有波的性質，因而有不為零的機率可以穿過勢壘。

今天，材料的種類數不勝數。人類對材料的製造和使用已經爐火純青，近幾十年以來在材料領域獲得的成果已經遠超過去數千年的發展。20 世紀後半葉以來，晶片、積體電路、電腦、網際網路等引領了社會的快速發展，成為時代的聚光點。而這一時代最引人注目的材料無疑是矽，這一時代被當之無愧地稱為「矽時代」，正是它締造了人們所說的「資訊時代」。英特爾公司創始人之一高登‧摩爾（Gordon Moore）曾提

出，矽基電晶體積體電路的發展遵從摩爾定律，即積體電路上可容納的元裝置的數目，約每隔 18 個月至 24 個月增加一倍，效能也將提升一倍。但由於加工極限和隧道效應的制約，矽基半導體的發展近年來逐漸逼近極限，未來的高速處理器和資料技術的發展，急待新材料的革新。人們期待的新材料究竟會是什麼呢？它又將如何改造我們的世界，帶領我們邁向下一個發展階段？

2010 年，諾貝爾物理學獎授予了英國曼徹斯特大學的科學家安德烈·蓋姆（Andre Geim）和康斯坦丁·諾沃肖洛夫（Konstantin Novoselov），表彰他們在二維材料石墨烯方面的開創性實驗研究（for groundbreaking experiments regarding the two-dimensional material graphene）[2]。一位企業家曾於 2014 年在採訪中說，未來 10 ～ 20 年內將爆發一場技術革命，即「石墨烯時代顛覆矽時代」。2015 年，石墨烯被列入新材料領域的策略前沿材料。看到這裡，我們不禁好奇，什麼是石墨烯？石墨烯有什麼用？為什麼能被寄予如此高的期望？

4.2
什麼是石墨烯？

1986 年，德國化學家漢斯 - 彼得·伯姆（Hanns-Peter Boehm）在國際純粹與應用化學聯合會（International Union of Pure and Applied Chemistry，IUPAC）的報告中首次正式給出了石墨烯的定義：「the term graphene should therefore be used to designate the individual carbon layers in graphite intercalation compounds」，即石墨烯是指石墨插層化合物中單獨的一層碳原子結構。

其實石墨烯的命名本身就非常形象具體地向我們講述了它的結構特點和電子結構。石墨烯（graphene），顧名思義，是由「石墨」＋「烯」構成，這也與其英文命名吻合，即 graphite（石墨）＋ alkene（烯烴）。石墨是碳元素的一種同素異形體，是一層一層疊在一起的層狀結構，層間是凡得瓦力，而層內每個碳原子的周邊以共價鍵連結著另外三個碳原子，即石墨烯（圖 4.3）。因此，石墨烯是由一個碳原子與周圍三個近鄰碳原子結合形成蜂窩狀結構的碳原子單層，石墨烯與石墨的關係類似一頁紙和一本字典之間的關係。

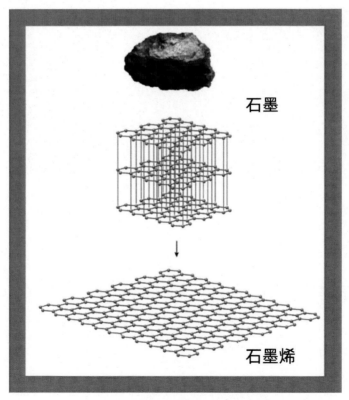

石墨

石墨烯

圖 4.3 石墨和石墨烯的結構比較

　　根據 IUPAC 命名規則，烯烴主鏈的英文命名中綴為 -ene-，如我們所熟知的乙烯（ethylene）和丙烯（propene）。烯烴的特點是含有 C＝C 雙鍵（烯鍵），其中 C 的雜化形式為 sp^2 雜化，這也是石墨烯中碳原子的雜化形式。具體如圖 4.4 所示，每個碳原子以 3 個 sp^2 雜化軌道和鄰近的 3 個碳原子形成 3 個 σ 鍵，鄰近碳原子剩下的 1 個 p 軌道則一起形成共軛體系，也就是 π 鍵。這種成鍵形式與苯環相同，因此也有人將石墨烯看成一個龐大的稠環芳烴，這對於理解石墨烯的結構特點、特殊性質、材料效能和加工特點很有幫助。

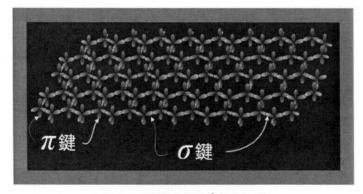

圖 4.4 石墨烯中的 sp^2 雜化結構

4.3
石墨烯的發現和意義

▶ 石墨烯的早期實驗研究

　　細心的讀者可能會發現，在安德烈·蓋姆和康斯坦丁·諾沃肖洛夫獲得諾貝爾物理學獎的理由中並沒有「發現」意味的字眼，這是因為在

他們的工作之前關於石墨烯的討論和探索就已經持續很久了 [3]。早在西元 1859 年，英國科學家班傑明‧布羅迪（Benjamin Brodie）用強酸處理石墨，他認為自己發現了一種分子量為 33 的新型碳材料「graphon」。今天我們知道他獲得的其實是小尺寸的氧化石墨烯片的分散液，但在接下來的近一個世紀裡都沒有人能夠很好地分析描述這種氧化石墨烯片的結構。直到 1948 年，藉助透射電子顯微鏡這一強大工具，科學家才逐漸觀察到石墨烯的真實面貌。1962 年，烏立克‧霍夫曼（Ulrich Hofmann）和漢斯 - 彼得‧伯姆在透射電子顯微鏡下較好地觀察到了氧化石墨烯的碎片，並且指認出其中存在單層結構（monolayer），這被安德烈‧蓋姆認為是世界上第一次直接觀察到單層石墨烯的報導。除此之外，也有一些科學家透過不同方法獲得了超薄石墨膜或者石墨片，甚至還研究了它的電學效能，但樣品層數較多，並不是真正意義上的石墨烯。

> **透射電子顯微鏡**：透射電子顯微鏡與光學顯微鏡的成像原理基本類似，所不同的是前者用電子束作光源，用電磁場作透鏡。由於電子束的波長要比可見光和紫外線短得多，極大地提高了顯微鏡的解析度。目前最先進的透射電子顯微鏡已經可以實現原子級分辨。

▶ 獲得諾貝爾獎的開創性工作

2004 年，安德烈‧蓋姆和康斯坦丁‧諾沃肖洛夫在《科學》雜誌（Science）上報導了一種膠帶撕石墨的辦法 [4]，可以非常簡單高效地獲得高質量的單層石墨烯，並將之成功轉移到矽基底上，透過光學顯微鏡下的顏色差異尋找和定位石墨烯，並且系統地研究了其電學效能，發現石墨烯具有雙極性電場效應、很高的載流子濃度和遷移率和亞微米尺度的

彈道輸運特性等。兩人也因為這一工作在 6 年之後獲得了諾貝爾物理學獎。正如諾貝爾物理學獎評選委員會指出的，「石墨烯研究的難點不是製備出石墨烯結構，而是分離出足夠大的、單個的石墨烯，以確認、表徵以及驗證石墨烯獨特的二維特性。這正是安德烈‧蓋姆和康斯坦丁‧諾沃肖洛夫的成功之處。」

考慮到石墨烯是石墨中的一層，自上而下地用膠帶撕石墨的想法其實非常簡單直覺，但又是如此的天馬行空。其實最初安德烈‧蓋姆是想透過很高階的拋光機將石墨減薄，但是無論如何努力，達到的極限仍有 10μm 厚，最終以失敗告終。幾年之後安德烈‧蓋姆在跟隔壁實驗室的一位來自烏克蘭的高級研究員閒聊時談起這個實驗，對方從自己實驗室的垃圾桶裡翻出來一片黏著石墨片的膠帶送給他。事實上，在掃描隧道顯微鏡研究中，高定向熱解石墨是一種很常見的基準樣品。實驗前，研究人員都會用膠帶把石墨表層撕掉，從而露出一個乾淨新鮮的表面來供掃描，但是從來沒有人仔細看過扔掉的膠帶上有些什麼東西。安德烈‧蓋姆很快發現膠帶上的一些碎片遠比拋光機丟擲來得要薄，研究思路豁然開朗，於是才有了這一讓人拍案叫絕的歷史性成果。

其實安德烈‧蓋姆一直就是一個與眾不同的科學家，他以其異乎尋常的想法和放牧式研究方式聞名於物理學界。一方面，他有著強烈的好奇心和敏銳的洞察力，不斷地探求新方向。他曾經對水的磁性很感興趣，就直接往 20T 特斯拉的磁場裡倒水，驚奇地發現水可以被懸浮起來，接著他就把一隻青蛙放進磁場（圖 4.7）進行示範。因為這個著名的「飛行的青蛙」實驗，他獲得了 2000 年的「搞笑諾貝爾物理學獎」。另一方面，他又非常嚴謹勤奮、融會貫通，善於依靠自己的知識和裝置來尋找未被探索的新領域，他稱之為「積木學說」。曼徹斯特大學的實驗裝置、曾經累積的低維系

統方面的知識、課題組之間的日常交流等，都是構成石墨烯研究的開創性
工作的關鍵「積木」。由此可見，強烈的好奇心和超凡的想像力都是科學進
步的重要推動力，而這背後也需要累積大量常人看不到的努力與堅持！

▶ 石墨烯開啟的材料新時代

　　石墨自古就有，在生活中也非常常見，考試時用來塗答題卡的 2B 鉛
筆的主要成分就是石墨。但是為什麼科學家經歷了這麼漫長的努力才得
到石墨烯？石墨烯相比於石墨又有什麼特殊的效能和意義？

　　其實關於石墨烯的思考和好奇很早就闖進了科學家的腦海。人們在
研究石墨的結構和性質的時候，已經注意到裡面的層狀結構可能會帶
來很多新的可能。早在 1947 年，加拿大理論物理學家菲利普·華萊士
（Philip Wallace）就已經開始計算石墨烯的電子結構，並且發現了非常奇
特的線性色散關係。但此後，石墨烯往往作為理論模型，用於描述碳材
料的物理性質，而在實驗方面的進展卻非常緩慢。這是為什麼呢？

　　科學家曾經一度認為石墨烯在真實世界中無法存在。20 世紀的很多
科學家都在理論上預言，像石墨烯這樣的準二維晶體本身熱力學性質不
穩定，在室溫環境下會迅速分解或者蜷曲，所以不能單獨存在。這樣的
想法限制了科學家對實驗現象的理解和認知。當我們再次翻閱安德烈·
蓋姆的工作時發現，他們得到的單層石墨烯恰巧是一直負載在一定的基
底上，比如膠帶、玻璃、矽片等，所以能夠穩定存在。這一實驗中的巧
合為人類知識的跨越提供了非常大的便捷。後續的研究已經能夠非常清
晰地幫助我們來理解這一現象，在大氣條件下石墨烯能夠在支撐基底上
穩定存在，而懸空時由於石墨烯晶格在面內和面外的扭曲，使得石墨烯
也能夠穩定存在。

石墨烯的出現開啟了二維材料世界的大門，短短十年時間，科學家們已經發現了數千種結構和效能各異的二維材料，為科學研究和生產、生活帶來了無限想像[7-8]。而對於石墨烯，除了簡單完美的結構，它還有著眾多令人驚訝的性質，這也是石墨烯最為吸引人的地方。

4.4
石墨烯的特殊性質

如果稍微留心一下網路或者新聞報導，我們就會發現人們對於石墨烯毫不吝嗇讚美之詞，稱之為「新材料之王」、「黑金」、「神奇材料」（miracle material），說它是世界上最薄、最硬、最強、導電導熱效能最好的材料，甚至有望掀起一場顛覆性的新技術革命。石墨烯真的像大家說的這樣神奇嗎？

透過一些具體的資料，我們可以窺探一下石墨烯的真容。

石墨烯的厚度只有 0.34nm，相當於人的髮絲直徑的十萬分之一。石墨烯雖然只有一個原子厚，但是非常緻密，最小的氣體分子（氦氣）也無法穿透，只能通過質子。更神奇的是，即使只有一個中子的差別，石墨烯也能夠非常有效地通過氫，而阻擋它的同位素氘。

和普通的金屬或者半導體不同，石墨烯是一個零帶隙的半導體，電子的運動不遵循薛丁格方程式，而是遵循狄拉克方程式，可以近似認為電子沒有質量，執行速度高達光速的 300 之 1。石墨烯的電子被嚴格限制在二維平面，即使在室溫下也可以觀察到量子霍爾效應。

石墨烯的載流子遷移率理論上高達 $2 \times 10^5 \text{cm}^2/(\text{V·s})$，是目前常用的矽材料的 100 倍，如果能夠替代矽做電子裝置，將會使電腦的處理能

力大幅提高。石墨烯的熱導率實驗上測得高達 5000W/（m·K），是自然界導熱最好的金剛石的 3 倍。石墨烯的導電性理論上高達 10^6S/cm，跟銅相當，但是石墨烯的最大承受電流密度竟達到 10^9A/cm^2，是銅的 1,000 倍。

自由懸浮的石墨烯高度透明，對可見光的透過率高達 97.7%，且與波長無關。單層石墨烯的面密度是 0.77mg/m^2，比表面積達到 2600m^2/g。石墨烯的斷裂強度為 42N/m^2，是最強的鋼的 100 倍（當鋼的厚度跟石墨烯一樣時）。假設有一張面積為 1m^2 的石墨烯吊床，其質量僅有 0.77mg，但卻可以承受 4kg 的質量，也就是說一張薄如蟬翼、輕如毫毛、近乎透明的石墨烯都能夠承受得住一隻貓的重量。

如此看來，石墨烯真的是像人們傳言的那樣神奇了，就像材料世界裡的「超人」。但需要特別提醒的是，以上列出的效能都是嚴格意義上的單層石墨烯的理論值，或者結構完美的單層石墨烯的測量值。這樣完美的石墨烯非常難以獲得，現實中幾乎不存在，我們能得到的石墨烯往往帶有一定量的修飾、缺陷、孔洞、氧化，或者厚度大於一層，因此相應的效能與此也存在一定的差異，不可混淆。

石墨烯的性質看起來就像一個矛盾的統一體，最薄又最硬，幾乎完全透光但完全不透氣，導電性極好而導熱性也超常。這樣的特性使得石墨烯獨一無二，集萬千寵愛於一身，也為我們提供了無窮的想像空間。

> **量子霍爾效應**：霍爾效應是電磁效應的一種。當電流垂直於外磁場通過半導體時，載流子發生偏轉，垂直於電流和磁場的方向會產生一個附加電場，從而在半導體的兩端產生電壓，這一現象就是霍爾效應，這個電壓也被稱為霍爾電壓。霍爾效應一個顯著的特徵是霍爾電壓與磁場強度成正比。

量子霍爾效應是霍爾效應的量子力學版本，一般看作是整數量子霍爾效應和分數量子霍爾效應的統稱。量子霍爾效應與霍爾效應最大的不同之處在於橫向電壓對磁場的響應明顯不同，橫向電阻是量子化的。

值得注意的是，整數量子霍爾效應的發現獲得了 1985 年諾貝爾物理學獎，分數量子霍爾效應的發現獲得了 1998 年諾貝爾物理學獎。

4.5
石墨烯的應用

在 2018 年平昌冬奧會閉幕式上，呈現一場融合了科技與文化的視聽盛宴。現場氣溫達到 -3℃，演員們穿著薄薄的演出服還能夠從容靈活地做出各種動作，這都有賴於石墨烯智慧發熱服，可以 3s 內迅速升溫，在 -20℃的條件下發熱 4h，實現優異的保溫發熱效果。可以說，短短十餘年的時間，石墨烯已經真真切切地走進了我們的生活，從書架走向了貨架，從知識轉化為產品，繼續生動演繹材料發展與人類文明的共同進步。

目前關於石墨烯應用的研究層出不窮，相關的產品報導也應接不暇，這裡向大家介紹幾種最具代表性的、能夠突顯出石墨烯特質的應用。

場效應電晶體：場效應電晶體，簡稱場效電晶體，是利用控制輸入迴路的電場效應來控制輸出迴路電流的一種半導體裝置。由於多數載流子參與導電，也稱為單極型電晶體。場效電晶體具有輸入電阻高、噪聲小、功耗低、動態範圍大、易於整合、沒有二次擊穿現象、安全工作區域寬等優點，現已成為雙極型電晶體和功率電晶體的強大競爭者。

▶ 電子裝置

得益於獨特的二維原子結構、超高的載流子遷移率、導電性和導熱性，石墨烯最具革命性的應用就在於取代矽材料，成為未來微電子技術和積體電路的新希望。2007 年，世界上第一個實際的石墨烯場效應電晶體被成功研製出來。2011 年，美國 IBM 公司的林育明團隊研製出了世界首款由石墨烯製成的積體電路 —— 混頻器，是無線電收音機的關鍵元件。2014 年，IBM 公司再次取得了一項里程碑式的技術突破，製作了世界上首個多級石墨烯射頻接收器，進行了字母為「I-B-M」的文字訊息收發測試，未來它可使智慧型手機、平板電腦和可穿戴式電子產品等電子裝置以速度更高、能耗更低、成本更低的方式傳遞資料及資訊。

▶ DNA 測序

過去 40 年，DNA 測序的發展極大地推動了生物學和醫學的研究和發展，同時也快速拓展到了犯罪調查、產前診斷等。由於優異的導電性、氣液隔絕性和單原子厚度的特點，石墨烯從一出現就在奈米孔測序方面深受歡迎。2010 年，美國哈佛大學和麻省理工學院的科學家在《自然》雜誌（Nature）上證實了石墨烯有可能製成人工膜用於 DNA 測序。研究人員在石墨烯上透過電子束鑽出 5～10nm 的孔，DNA 分子就像線穿過針眼一樣地通過石墨烯奈米孔。當 DNA 分子穿過奈米孔時會阻斷離子流，不同的核苷酸鹼基對的特徵性電子訊號不同，同時石墨烯的厚度和孔的尺寸小到足以分辨兩個近鄰的鹼基對，從而可以依次辨識出單個鹼基對，實現 DNA 測序。經過不斷地改進，石墨烯 DNA 測序的精度和速度都已經提高了上千倍，為更好更廉價的 DNA 測序開闢了新的道路。

▶ 海水淡化

石墨烯本身是對氣體和液體都完全隔絕的，但如果把石墨烯片一層一層重新疊起來形成一張紙，那麼石墨烯片之間的空隙則可能通過一些分子。安德烈‧蓋姆團隊在這方面就進行了大量的研究，他們發現透過精確的控制，可以讓抽濾得到的氧化石墨烯薄膜只能選擇性地通過水分子而留下鹽離子，也就是可以實現海水淡化。一些科學家在這方面也獲得了一系列重要的進展，透過不同陽離子的選擇性作用實現了對石墨烯膜的層間距在 0.1nm 尺度上的精確控制，從而獲得了出色的離子篩分和海水淡化效能（圖 4.13）。

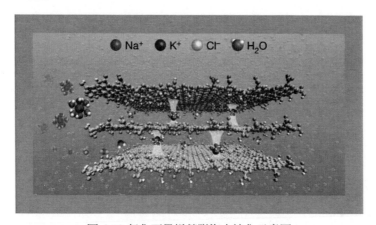

圖 4.13 氧化石墨烯薄膜海水淡化示意圖

▶ 智慧玻璃

理想的石墨烯作為準二維晶體是不能穩定地單獨存在的，需要一定的基底來支撐，那能不能讓石墨烯和基底的組合直接成為我們想要的產品呢？一所大學的團隊經過多年的研究，在國際上首次提出了石墨烯玻璃的概念，為石墨烯和玻璃的應用都帶來了革命性的變化。透過生長過

程的精確調控，團隊成功實現了在玻璃表面石墨烯的直接生長，得到的石墨烯玻璃兼具玻璃的透光性，以及石墨烯的導電、導熱和表面疏水性等優點，所以表現出了很多新穎的效能。通電時石墨烯產生的熱量可以去除玻璃表面的水霧，也能夠使熱致變色塗層的顏色發生改變，因此可以用作汽車的防霧視窗或者飛機的智慧玻璃等。

▶ 柔性顯示器

與剛性的玻璃相反，如果選擇柔性的基底，那麼石墨烯就可以做成柔性顯示器。2010 年，韓國三星公司和成均館大學的研究人員將生長的單層石墨烯轉移到柔性聚酯薄膜上，得到了 30 英寸（1 英寸＝ 2.54cm）大的石墨烯膜，並作成柔性觸控式螢幕。四層石墨烯疊在一起得到的柔性觸控式螢幕的導電性和透光性就已經超過商品化的氧化銦錫（ITO）透明導電薄膜。近年來，石墨烯柔性顯示器方面的研究和產業化發展迅速，一些公司已相繼釋出了世界上第一款石墨烯柔性螢幕手機、超柔性石墨烯電子紙顯示器等。相信在不久的將來，能捲起來或者穿在身上的柔性電子書、手機、電腦和電視就會出現在我們身邊。

▶ 多功能感測

石墨烯兼具導電、導熱、柔性等多種特性，能夠將微小的溫度、壓力、聲音的變化轉化為電流訊號，從而可以實現多功能的感測，比如貼身式體溫計、穿戴式力學感測器等。利用力學感測的特性，一家公司開發了一款中醫診脈手環，可以隨時記錄脈搏的波動曲線，並據此提供體質診斷和中醫建議。藉助獨特的雷射直寫技術工藝，某大學的團隊製備

出一種多孔的石墨烯材料，能夠同時實現感知聲音和發出聲音。一方面，石墨烯的多孔微結構對壓力極為敏感，可以透過壓阻效應將聾啞人低吟時喉嚨的微弱振動接受為電學訊號；另一方面，由於高熱導率和低熱容率，石墨烯又能夠透過熱聲效應發出 100Hz ～ 40kHz 的寬頻譜聲音，從而有望幫助聾啞人「開口說話」。

> **熱聲效應**：熱聲效應是指溫度可以誘導產生聲波的現象，即溫度在空間中的週期性振盪導致壓力在空間中的週期性振盪，這一過程反過來也是可行的。按能量轉換方向的不同，熱聲效應分為兩類：一是用熱能來產生聲能，包括各類熱聲發動機、熱聲揚聲器等；二是用聲能來輸運熱能，包括各種回熱式製冷機。

▶ 高效能電池

許多人都曾經歷手機電量不夠或者天冷充不上電的情況，現代社會快節奏高品質的生活，已經越來越離不開高效能電池的幫助。然而目前商用鋰離子電池的效能已逐漸趨於飽和，難以滿足人們對於電池電量和充電速度的要求。石墨烯的出現，為鋰離子電池的效能改進提供了新的可能，用於負極材料或者導電新增劑，可以有效地提升電池的循環壽命、整體容量和充電速度，從而充得更快、用得更久。此外，石墨烯的高導熱特性，也可以拓寬電池工作的溫度區間，能夠在更惡劣的情況下正常充放電，這對於電動車和無人機意義重大。在很多新的電池體系中，如鋰硫電池、鋁離子電池、金屬空氣電池等，石墨烯有著更大的發揮空間，為下一代高效能電池提供了材料保障。

▶ 超級電容器

與電池相對應的，超級電容器是另一種非常常見的儲能裝置，功率密度可以是鋰離子電池的 30 ～ 100 倍，可逆充放電次數也能達到 50 萬次以上，但是能量密度卻比電池低一個數量級。石墨烯由於兼具高導電性、高比表面積、高化學穩定性和高力學柔性，已被證明是一種非常理想的超級電容器電極材料。普通超級電容器的電極中新增質量分數 2% 的石墨烯之後，單體容量就能夠提升 20%。2015 年，一家公司研製成功世界領先的大功率石墨烯超級電容器，已運用在有軌電車和無軌電車上。繼續提高石墨烯的用量，甚至完全用石墨烯作為電極材料，有望進一步提高超級電容器的效能，但在工業化的過程中需要解決好低密度石墨烯帶來的材料加工、極片製備和裝置組裝的工藝改變。由於二維奈米結構的特點，石墨烯在一些特殊的場合，如柔性、纖維狀或者微型超級電容器方面也具有突出的應用優勢。

▶ 防腐

金屬腐蝕是生活中非常常見的現象，但卻是鋼鐵、冶金、建築、交通運輸等行業面臨的最大挑戰之一，有統計稱全世界每年因腐蝕造成的直接經濟損失相當於 2013 年全球 GDP（國民生產總值）的 3.4%。石墨烯作為一種二維緻密的奈米級新材料，理論上很有希望為防腐帶來全新的機遇。但實際石墨烯塗層不可避免出現輕微裂紋或劃痕，這會加速區域性的電化學腐蝕，暴露區域的腐蝕速率反而大大加快，並降低金屬的強度和韌性等效能。透過研發石墨烯／聚合物複合塗層，或者增加陽極材料（比如鋅），利用高中化學中說的「犧牲陽極的陰極保護法」，就可

以實現長久保護。某研究所經過近 10 年的努力，成功開發了一系列石墨烯改性新型防腐油漆，鋅的用量可以降低一半以上，效能卻至少提高 2 倍。

▶ 智慧吸附

　　石墨烯作為一個龐大的稠環芳烴，表面疏水親油，加上龐大的比表面積，在吸附領域有廣闊的應用潛力。一所大學的研究團隊曾在國際上首次報導了石墨烯海綿可作為超高效可循環利用的吸附材料，應用於油和常見的有機溶劑吸附方面，透過最佳化，吸附能力可以增加到自身重量的 800 倍以上。實際發生的海上原油的洩漏事故中，由於重質原油的黏稠性較大，吸附速率十分緩慢。藉助石墨烯的特殊性質，一所大學的研究團隊在經石墨烯功能化後的海綿上施加電壓，產生的焦耳熱會迅速提高周圍原油的溫度，進而降低黏度，實現了水面上高黏度原油的快速吸附，時間縮短了 94.6%（圖 4.19）。此外，石墨烯在空氣清淨機、甲醛吸附劑、防霧霾口罩等方面也有所應用。

　　石墨烯的應用遠不只以上介紹的這些，在關乎人類未來發展的各個領域，從生命健康，航太到人工智慧，石墨烯都能夠發揮舉足輕重的作用。不論是 DNA 測序，人工器官製造，靶向給藥技術，還是特種航空材料的研發，亦或是高效能運算晶片製造，你都將看到石墨烯的活躍身影。值得注意的是，石墨烯不同的應用場景其實都對應著某些優異的性質，且每一種應用的要求也有所不同。這正是石墨烯的一大迷人之處，可以一體多面，和而不同，而這都離不開高品質石墨烯材料的製備和加工，離不開化學和化工領域的研究突破。

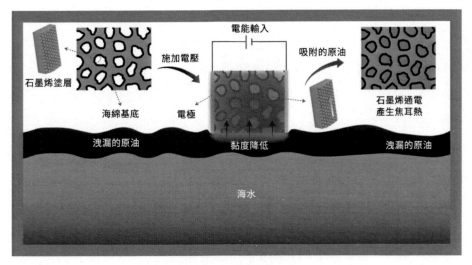

圖 4.19 石墨烯吸附原油

4.6
石墨烯的製備

　　人類第一次獲得單層石墨烯是透過撕膠帶這樣簡單但精巧的機械剝離法實現的，這種方法得到的石墨烯雖然品質很好，是實驗室基礎研究的絕佳材料，但是產量太低，成本太高，無法滿足工業化和規模化生產要求。正如上文介紹的那樣，其實在安德烈‧蓋姆 2004 年開創性的實驗之前，石墨烯相關的初步實驗探索就已經很多，這為後來石墨烯製備技術的發展打下了良好的基礎。

　　考慮到石墨烯的單原子層的特殊結構，石墨烯的製備可以分為自上而下法和自下而上法。一方面，這種單原子層的碳結構是石墨、碳奈米管等很多材料的結構單元，我們可以以這些容易得到的材料為原料，透

過一定的辦法把石墨烯從裡面剝離出來，包括機械剝離法、液相剝離法、氧化還原法、碳奈米管切割法等，這是自上而下法。另一方面，石墨烯的結構是已知且簡單的，如果能夠將碳原子以蜂窩狀的形式一個一個地排列組合好，就可以直接合成出形狀大小可控的石墨烯，包括化學氣相沉積法、外延生長法和小分子生長法等，這是自下而上法。值得注意的是，不同的製備方法得到的石墨烯在品質上和成本上有著極大的差別，甚至外觀形態也完全不同，最適合的應用領域也各有側重（圖4.20）。

下面向大家介紹目前最常用、實現產業化且應用最廣泛的兩種方法：氧化還原法和化學氣相沉積法。

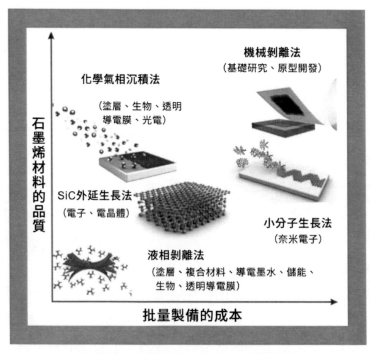

圖 4.20 石墨烯不同製備方法的成本、品質與應用的關係

▶ 氧化還原法

如果把石墨看作一本厚厚的字典，那石墨烯就是其中的一頁紙。從字典中翻看一頁紙上的內容很簡單，但從石墨裡得到一層石墨烯卻不容易，這主要是因為石墨的層間存在凡得瓦力。凡得瓦力是分子間的弱相互作用，比化學鍵弱很多，但也很可觀，這也是壁虎能夠穩穩地待在牆上的原因。不過這可難不倒聰明的化學家，他們用強酸（如濃硫酸、發煙硝酸等）處理原始的石墨粉原料，使得強酸小分子進入到石墨層間，而後用強氧化劑（如高錳酸鉀、高氯酸鉀等）氧化，就可以破壞石墨的晶體結構（圖 4.21）。這樣得到的氧化石墨經過強烈的超音波處理，就可以破壞層間的凡得瓦力，實現剝離，得到大小和尺寸不同的氧化石墨烯。這就像用很薄很尖的刀片插進一本密實的字典，撬開一個縫之後再進行高強度的機械處理，就可以輕鬆地撕開每一頁。

但這樣會讓每頁紙變皺、變碎、變破，因此得到的氧化石墨烯上有很多的官能基和缺陷，還需要透過不同的還原方法修復它的結構，才能最終得到石墨烯。

氧化還原法得到的石墨烯是黑碳粉末狀的，如果把它放大幾十萬倍會發現確實是薄片狀的結構，但顯得褶皺不平。這種石墨烯材料由於製備過程中經過強酸、強氧化劑和超音波的處理，缺陷較多，效能跟理想的石墨烯差別也較大。但是這種方法工藝簡便成本較低，是最早實現產業化的石墨烯生產工藝，而且由於中間過程的氧化石墨烯具有很好的分散性，方便進行各種加工處理，能夠得到漿料、薄膜、泡沫等各種形態的石墨烯材料，在吸附、儲能、催化、散熱、防腐、潤滑、複合材料、電子墨水等多個領域都有著廣泛的應用。

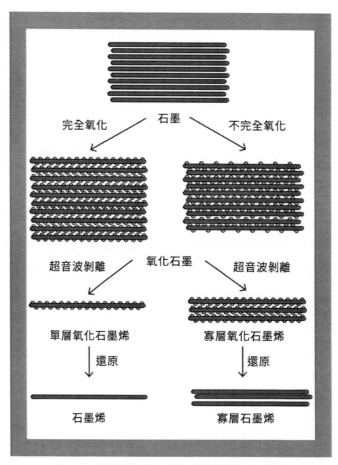

圖 4.21 石墨烯的氧化還原法製備過程示意圖

　　上面的這種方法雖然高效簡便，但是對石墨烯結構的破壞較大，而且生產過程中產生了大量的廢酸廢液，汙染環境。後來化學家們發現不一定需要強酸強氧化的處理來對抗凡得瓦力，當溶劑的表面能與石墨烯相搭配時，溶劑與石墨烯之間的相互作用，就可以平衡和打破凡得瓦力所需的能量，可以直接在液相中剝離石墨或者膨脹石墨，實現高品質石墨烯的大規模、低成本、綠色製備。

▶ 化學氣相沉積法

相信很多人都有過搭積木或者玩拼圖的經歷，成功的那一刻很興奮，但肯定也很疲憊。我們在宏觀世界裡把一些小零件按照特定的順序排列整齊尚且不是一件輕鬆的事情，那要想在微觀世界裡把一個個碳原子按照規則組裝起來幾乎難如登天。不過這在化學工程師的眼裡並不是沒有可能。在接近 1,000℃ 的高溫下，我們所熟知的天然氣會在金屬薄膜的表面脫掉氫原子，然後在一些高活性的地方成核，拼接出一個碳原子的小島，逐漸擴大最終長成連續的石墨烯，這就是化學氣相沉積法。看似簡單的過程其實涉及非常多的基元步驟，比如碳源分子的吸附、裂解，碳原子的遷移、擴散、析出，石墨烯的成核、長大等（圖 4.23）。

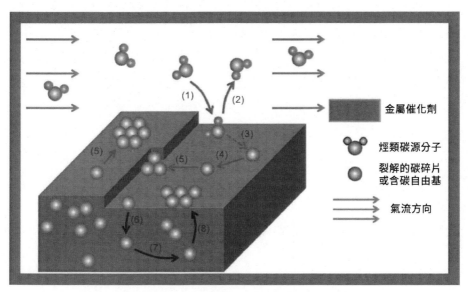

圖 4.23 化學氣相沉積法生長石墨烯的基元步驟

可以想像這個過程很難控制，微小的碳原子就像一個個調皮的小孩子，肯定不會輕易乖乖地在金屬薄膜的表面排好隊。透過精確地控制金

137

屬薄膜的組成、生長過程中的溫度、壓力、氣體、氣速等，化學工程師們如今已經能夠得心應手地製備出各種想要的石墨烯結構。一些科學家在這個領域獲得了領先世界的進展，不僅能夠製備出像雪花一樣的石墨烯圖案，也成功製備了世界上最大的石墨烯單晶，這種結構完美的石墨烯單晶為電子學領域的規模化應用打下了堅實的基礎。無數的石墨烯單晶在生長的過程中透過化學鍵無縫拼接在一起就可以形成一張完整連續的石墨烯薄膜。與氧化還原法得到的石墨烯粉體不同，化學氣相沉積法得到的石墨烯薄膜是透明的，而且可以精確地控制層數。

相比於自上而下氧化還原的製備方法，自下而上的化學氣相沉積法製備得到的石墨烯結構更加完美可控，效能更加突出，但非常遺憾的是加工難度和成本也成倍增大。在金屬薄膜表面生長的石墨烯只有透過一定的方法轉移到想要的基底上才能做成最後的產品，而這個過程也會不可避免地使石墨烯產生一些缺陷。目前，透過工藝的最佳化和放大，我們已經可以在一體化的化工生產線上，依次完成升溫、生長、降溫、轉移等環節，得到任意尺寸的石墨烯薄膜，用在柔性顯示器、觸控感測等領域。

4.7
化學化工助力石墨烯未來

石墨烯就像材料世界裡的「神童」一樣，天賦異稟，有著其他材料所無法比擬的優勢和效能，從一出生就得到了萬千寵愛，無數的科學家和工程師陶醉於石墨烯的研究。經過短短十餘年時間的發展，石墨烯的研究早已非常深入具體，而石墨烯的應用產品也遍地開花。

　　雖然關於石墨烯的開創性實驗工作獲得的是諾貝爾物理學獎，但作為一個材料，要想真正高效、可控、大規模地生產，能夠加工成各種所需的產品和應用，其中的每一個進步都離不開化學和化學工程學的貢獻。想像一下，如果石墨烯只能透過膠帶黏撕的方式獲得，只能在實驗室的儀器上測試效能，它能夠產生多大的影響呢？藉助化學知識，科學家們不斷加深對石墨烯的理解，為石墨烯的剝離、生長、轉移、分散、修飾等提供指導；而在化學工程的知識和技術的幫助下，工程師能夠實現石墨烯製備、加工、應用的工藝最佳化和放大，從實驗室到工廠，最後走進千家萬戶。

　　目前工業化的石墨烯應用還比較有限，而且用量較少，所以很多人說「新材料之王」石墨烯淪為了「工業味精」。但石墨烯的身上有太多的寶藏，充滿了無數的神奇、革新和未知，每一種可能，每一個答案，都在等待探索。我們期待年輕一代來加入，去發揮創意，勇敢開拓，找到石墨烯的「殺手鐧」的應用，帶來技術和時代的變革，讓石墨烯真正成為一個時代和文明的注腳。

　　「我希望石墨烯會像塑膠一樣改變我們的生活。」安德烈・蓋姆如是說。

05

百變高分子：變化萬千、效能各異的高分子世界

**The Diverse World of Polymers: Various Structures
Create Marvelous Properties of Polymers**

看我 72 變，可柔可剛可光亮。在分子的世界中，高分子可是不只72 變的。當高分子組合方式發生變化時，它呈現出來的形態可以多種多樣，既可以堅固如磐石，又可以柔軟似凝膠。科學家對高分子的改造就像一個拼之不盡、玩之不竭的樂高積木，只要不斷變化方式，就能生出新趣味，變出新造型。

高分子，除了分子量高，還有哪些高明之處呢？或許有人以為，高分子不就是我們耳熟能詳的臉盆、牙刷、拖鞋嗎？那可是太小瞧了高分子！除了衣食住行所見的高分子熟面孔，還有不少「黑科技」後面的材料英雄也是高分子。上天、入地、下海；國防、航太、資訊，各處都有高分子大顯身手！本章將從這些千變萬化、效能各異的多彩高分子世界中略舉幾例，以饗讀者。親愛的讀者朋友，更多的神奇高分子，還有待你來探索和創造！

5.1
前言

有一個謎語，打一材料：「剛可擎巨棟，柔能伴枕眠。最是它絕緣，導電亦不難。出海護艇艦，航太保飛船。處處皆可見，億噸每一年。」這想必難不倒你，謎底就是高分子。高分子材料已經滲透到了生活的各個方面，我們的衣食住行，都離不開高分子材料。

高分子是高分子化合物的簡稱，又叫大分子，相對分子質量高達幾千到幾百萬。雖然高分子化合物的相對分子質量很大，但組成並不複雜，它們的分子往往都是由特定的被稱為單體的結構單元，透過共價鍵多次重複連線而成。由單體經聚合反應而生成的高分子化合物又稱為高

聚物。以生產和使用量最大、結構最簡單的聚乙烯為例，它的結構單元就是 $[CH_2CH_2]$。當把乙烯單元中的一個氫原子替換成一個苯環，就得到了聚苯乙烯。

高分子種類繁多，按效能分類可把高分子抽成塑膠、橡膠和纖維三大類。按用途分類可分為通用高分子材料、工程高分子材料和功能高分子材料。塑膠中的「四烯」（聚乙烯、聚丙烯、聚氯乙烯和聚苯乙烯），纖維中的「四綸」（錦綸、滌綸、腈綸和維綸），橡膠中的「四膠」（丁苯橡膠、順丁橡膠、異戊橡膠和乙丙橡膠）都是用途很廣的高分子材料，為通用高分子。工程高分子材料是指具有特種效能（如耐高溫、耐輻射等）的高分子材料，如聚甲醛、聚碳酸酯、聚芳酯、聚醯亞胺、聚芳醚、聚芳醯胺和含氟高分子、含硼高分子等，已廣泛用作工程材料。常見的離子交換樹脂、感光性高分子、仿生高分子、醫用高分子、高分子藥物、高分子試劑、高分子催化劑和生物高分子等都屬功能高分子。

高分子的分子結構可以分為兩種基本型別：線形結構和體形結構。線形結構的分子中，原子以共價鍵互相連線成一條很長的捲曲狀的分子鏈。體形結構是分子鏈與分子鏈之間還有許多共價鍵交聯起來，形成三維網絡結構。此外，有些高分子是帶有支鏈的，但也屬於線形結構範疇。線上形結構高分子中有獨立的大分子存在，在溶液中或在加熱熔融狀態下，大分子可以彼此分離開來，因而具有可塑性，在溶劑中能溶解，加熱能熔融。而在體形結構的高分子中則沒有獨立的大分子存在，故沒有可塑性，不能溶解和熔融，只能溶脹。兩種不同的結構，表現出相反的效能。

從分子結構上看，橡膠是線形結構或交聯很少的網狀結構的高分子，纖維也是線形的高分子，而塑膠則兩種結構的高分子都有。

　　除了線形高分子，科學家還透過改變單體的連線方式，設計出了環形高分子、星形高分子、刷形高分子和樹枝狀高分子等。其中的樹枝狀高分子具有數十個到上百個末端基團，且均可作為功能化位點，可以用作藥物載體治療疾病。

　　高分子的效能也和聚集狀態密切相關。高分子化合物幾乎無揮發性，常溫下常以固態或液態存在。固態高分子按其結構形態可分為晶態和非晶態。前者分子排列有規則，而後者無規則。晶態高分子內部分子間的作用力較大，故其耐熱性和機械強度都要高於非晶態的同種高分子。非晶態高分子則沒有一定的熔點，耐熱效能和機械強度都比晶態的低。

　　由於線形分子鏈很長，要使分子鏈間的每一部分都做有序排列是很困難的，因此，通常線形高分子兼具晶態和非晶態兩種結構。而體形結構的高分子，例如，酚醛樹脂、環氧樹脂等，由於分子鏈間有大量的交聯，不可能產生有序排列，因而都是非晶態的。

　　高分子材料在國防、航空、太空、資訊、電子、醫藥等高技術領域有廣泛的應用，而且在各種「黑科技」中，高分子也大放異彩。下面舉幾個例子，讓大家仔細了解一下，如何透過選擇不同的單體種類，透過控制相對分子質量和分子結構，透過改變高分子的聚集狀態，創造出千變萬化的高分子材料的。

5.2
耐熱高強的芳綸纖維 ···

　　尼龍（nylon）是大家熟悉的一種高分子材料，1938 年尼龍就實現了工業化生產。尼龍的學名是聚醯胺，英文 polyamide（PA），它的大分子

主鏈是脂肪鏈，重複單元中含有醯胺基團（-CO-NH-）。最初用作製造纖維的原料，後來由於 PA 具有強韌、耐磨、自潤滑、使用溫度範圍寬等特點，成為目前工業上五大工程塑膠中產量最大、品種最多、用途最廣的一種工程塑膠。

在 1938 年尼龍實現工業化生產之後，許多化學家還在不停嘗試提高聚醯胺纖維的效能，其中一個途徑就是改變聚合所用的單體，改變聚合物主鏈極性。

> **溼法紡絲**：一種溶液紡絲方法，將高分子溶解在適當的溶劑中配成紡絲溶液，將紡絲溶液從噴絲孔中壓出後射入凝固液中凝固成絲條。腈綸、維綸、黏膠纖維和芳綸等難以熔融紡絲的高分子可以採用溼法紡絲。

基於這個思路，1960 年代，有科學家發現，將聚醯胺中的脂肪鏈換成苯環，聚合物主鏈剛性增強，加上分子鏈間的氫鍵作用，雖然使得聚合物黏度和熔點大幅升高且難以溶解，但是得到的纖維在力學、耐熱等方面具有優異的效能。這種聚合物就是主鏈重複單元中含有苯環及醯胺基團的高聚物全芳香族聚醯胺，俗稱芳綸。此時恰逢美蘇爭霸，在軍事、航空、太空等尖端領域對耐熱高強輕質材料有急迫的需求，因此美國杜邦公司率先開始嘗試進行對位芳綸纖維的生產。

芳綸主要有兩種；一種是聚間苯二甲醯間苯二胺（PMIA），即間位芳綸，分子式如圖 5.2（a）所示。間位芳綸呈白色，力學效能僅和普通纖維相當，但耐熱效能優異，所以常用作耐高溫材料。實物如圖 5.2（b）所示。另一種是聚對苯二甲醯對苯二胺（PPTA），即對位芳綸，分子式如圖 5.3（a）所示。

　　芳綸的分子鏈間可以透過羰基和氨基形成氫鍵，與主鏈上苯環結構帶來的剛性，進一步提高了纖維的強度和穩定性。

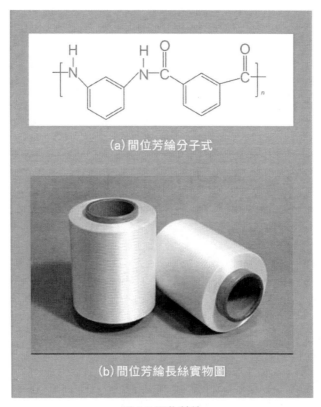

(a)間位芳綸分子式

(b)間位芳綸長絲實物圖

圖 5.2 間位芳綸

　　對位芳綸呈金黃色，具有高強度、高模量、耐高溫、耐酸鹼以及重量輕等優異效能，比強度（強度除以單位質量）是鋼絲的 5 ～ 6 倍，比模量（模量除以單位質量）為鋼絲或玻璃纖維的 2 ～ 3 倍，韌性是鋼絲的 2 倍，而重量僅為鋼絲的 20% 左右。實物如圖 5.3（b）所示。常用作增強纖維製備防彈衣，想想看金燦燦的黃金甲穿在身上，是不是很神氣？

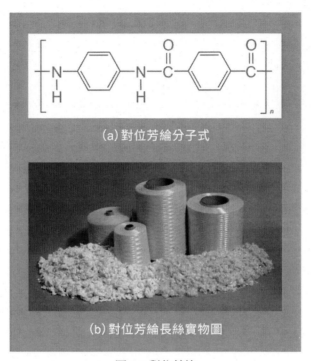

(a)對位芳綸分子式

(b)對位芳綸長絲實物圖

圖 5.3 對位芳綸

　　試想想，間位和對位芳綸化學組成完全相同，僅僅因為基團連線位置的差異就導致纖維效能差別極大，為什麼？這是共軛效應導致的。對位芳綸分子鏈中的苯環和醯胺基團是全共軛平面結構（電子雲的重疊使化學鍵旋轉受限），分子鏈剛性，經過拉伸成纖維後，分子鏈沿同一個方向排列，就會具有優異的力學強度。而間位芳綸沒有共軛結構，化學鍵旋轉受到的限制較小，分子鏈相對柔性，難以形成穩定的取向結構，所得到的纖維力學效能自然不高。

　　聚合得到的對位芳綸是粉末狀的，就必須經過紡絲才能轉變成可利用的纖維長絲。紡絲是指將某些高分子化合物製成溶液或熔化成熔體後，由噴絲頭細孔壓出形成化學纖維的過程。

　　要想得到對位芳綸纖維，必須解決紡絲過程中的兩大難題：溶解和分子取向。剛性結構和分子間的氫鍵作用（圖 5.4）使得對位芳綸分子難以溶解，只能在濃硫酸、氯磺酸等強氧化性酸中溶解。更麻煩的是，對位芳綸在這些酸中的溶解度極低，溶液黏度隨濃度的提高會急遽上升，導致紡絲原料輸送和擠出噴絲難以進行。用傳統的溼法紡絲不能使分子高度取向，得到的對位芳綸纖維力學效能就很差，比普通的纖維強不了多少。

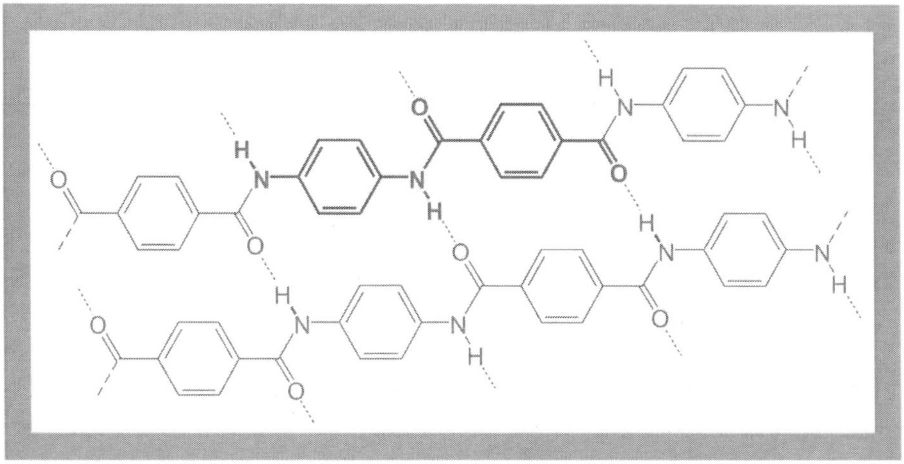

圖 5.4 對位芳綸（PPTA）分子間氫鍵和取向示意圖

　　對於第一個問題，科學家們一直一籌莫展，對位芳綸在濃硫酸中的濃度最高只能到 10% 左右，最終導致該項目到了不得不終止的地步。此時，一位名叫布萊茲‧赫布（Blades Herb）的年輕科學家的發現拯救了大家。布萊茲沒有被傳統溶解理論所束縛，他非常好奇對位芳綸濃度超過 10% 會是什麼樣子。結果神奇的現象出現了：對位芳綸在濃硫酸中的濃度超過 10% 以後，形成了取向有序的液晶相，黏度反而開始顯著下降，到達 15% 左右濃度後黏度降至最低，然後再開始上升（圖 5.5）。此發現

不僅解決了對位芳綸溶解的難題,而且由此開啟了液晶高分子研究的新時代。

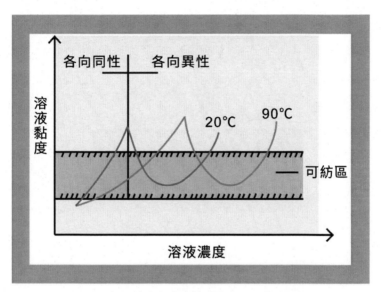

圖 5.5 對位芳綸在濃硫酸中濃度和黏度的關係

　　對於第二個問題,杜邦公司創造性地發明了一種新的紡絲方法——乾噴溼紡(圖5.6)。當剛性的對位芳綸分子透過噴絲孔道時被強制取向排列,但是出口脹大效應會導致部分對位芳綸分子取向被破壞。如果此時對位芳綸分子被直接凝固,則得到的纖維力學效能很差。而乾噴溼紡法巧妙解決了這一難題。當紡絲原液流出噴絲孔時,先經過一個空氣層(乾噴),此時由於出口脹大效應引起的對位芳綸分子部分鏈段在重力拉伸下重新取向,然後再進入凝固液中定型(溼紡),這樣對位芳綸分子的取向程度就比較高,得到的纖維也可以保持優異力學效能。乾噴溼紡法已經被逐步推廣到其他纖維的紡絲中了。

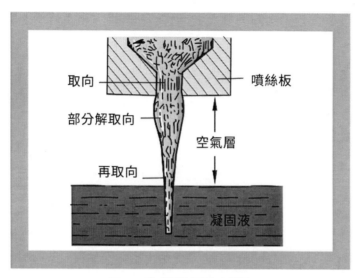

圖 5.6 乾噴溼紡原理示意圖

　　對位芳綸纖維直徑越細，纖維比表面積越大，與其他材料的複合效能就會大幅提高。超細的對位芳綸纖維（圖 5.7）也會更柔軟，在防護能力相近的情況下由其製成的防護服會更貼身，穿著更舒服。

圖 5.7 對位芳綸長絲纖維顯微鏡圖，直徑約為 12μm

目前，對位芳綸領域一個新的研究焦點是對位芳綸奈米纖維，其直徑在幾奈米到幾十奈米。目前製備對位芳綸奈米纖維的方法有靜電紡絲法、化學解離法、物理劈裂法以及聚合自組裝法等。其中聚合自組裝法得到廣泛關注。該方法是在聚合過程中一邊確保分子鏈的生長，一邊控制分子的聚集，阻止分子鏈之間形成無規團簇結構，最終形成穩定的奈米纖維[2]。此方法得到的纖維直徑為奈米和亞微米尺度，且均勻可調。由這種奈米纖維製成的紙質材料，不僅力學、熱穩定性及絕緣效能優異，而且可以得到多孔薄膜，有望在芳綸蜂窩、鋰離子電池隔膜等方面得到應用。

5.3
神奇的防彈和防爆塑膠 ·····················

改變高分子的化學結構和聚集態結構，是開發新型高分子材料的重要方法。科學家們透過這一方法，可以製備剛柔相濟的高效能材料，它們既有高的強度，又有好的韌性。

聚氨酯就是這樣的一種材料，它由異氰酸酯和端羥基的聚醚或者聚酯反應生成（圖 5.9）。聚氨酯分子由剛性的氨酯段和柔性的聚醚或者聚酯段交替組成。由於不同鏈段間的相互作用不同，剛性鏈段傾向於和剛性鏈段聚集在一起形成硬相微區，柔性鏈段傾向於和柔性鏈段聚集在一起形成軟相微區。但是由於這兩種不同的鏈段之間有共價鍵相互連線，結果導致形成幾十奈米左右的軟相微區和硬相微區。這樣的高分子材料既有高的強度和硬度，又有好的韌性和耐撓曲性，是最耐磨的高分子材料之一。根據結構的不同，聚氨酯可以有不同的力學效能，廣泛應用於人造革、纖維（氨綸）、塑膠跑道、保溫材料、油漆、膠黏劑等領域。

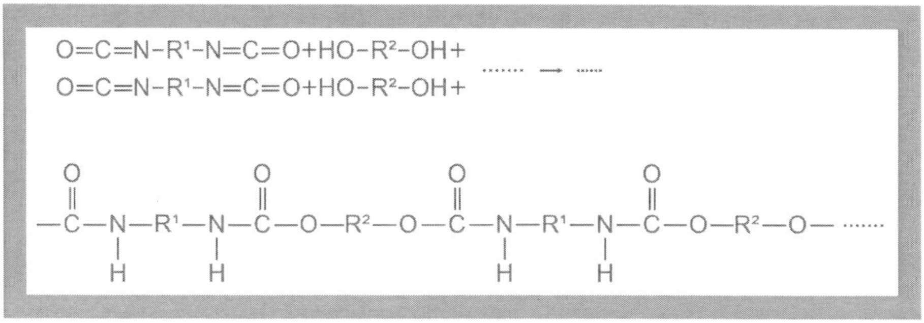

$$O=C=N-R^1-N=C=O + HO-R^2-OH + \cdots\cdots$$
$$O=C=N-R^1-N=C=O + HO-R^2-OH + \cdots\cdots \longrightarrow \cdots\cdots$$

$$-\overset{\overset{\textstyle O}{\|}}{C}-\underset{\underset{\textstyle H}{|}}{N}-R^1-\underset{\underset{\textstyle H}{|}}{N}-\overset{\overset{\textstyle O}{\|}}{C}-O-R^2-O-\overset{\overset{\textstyle O}{\|}}{C}-\underset{\underset{\textstyle H}{|}}{N}-R^1-\underset{\underset{\textstyle H}{|}}{N}-\overset{\overset{\textstyle O}{\|}}{C}-O-R^2-O-\cdots\cdots$$

圖 5.9 異氰酸酯和端羥基化合物反應生成聚氨酯的反應方程式

> **微相分離**：以嵌段共聚高分子為例，它由兩種或多種不同性質的單體聚合而成。當不同單元段之間不相容時，它們傾向於發生相分離，但由於不同結構單元之間有化學鍵相連，不可能形成通常意義上的宏觀相分離，而只能形成奈米到微米尺度的相區，這種相分離通常稱為微相分離，不同相區所形成的結構稱為微相分離結構。

　　具有微相分離結構、剛柔相濟的聚氨酯材料，還能用作奈米防彈衣。試驗顯示，35mm 厚的聚氨酯就可以阻擋直徑 9mm、速度為 350m/s 的子彈。在子彈的高速衝擊下，材料中的硬相微區破碎，吸收大量衝擊能，軟相微區避免了裂紋的直線擴展，使材料中形成縱橫交錯的裂紋，進一步吸收更多的能量。這種防彈材料還有神奇的自體癒合功能，子彈進入材料後，產生的熱會讓材料熔化流動，修復槍擊形成的孔洞。

　　在現代戰爭和反恐行動中，除了子彈、破片等對人員的殺傷外，爆炸帶來的衝擊波也會帶來重大的危害。據統計，由爆炸衝擊波引發的創傷性腦損傷已經占到士兵戰鬥傷亡的 60%，即便戴著頭盔。由於頭盔並不能有效抵禦和減緩衝擊波，所以會引起腦損傷，導致戰爭後遺症。因此，對防護爆炸衝擊波材料的研究十分迫切。有研究顯示，在鋼板表面噴塗一層幾毫米厚度的聚氨酯脲或者聚脲，可以有效防護爆炸衝擊波。

　　把聚氨酯中的氨酯鍵部分或者全部替換為脲鍵，就獲得了聚氨酯脲或者聚脲。前者是異氰酸酯和端羥基化合物、端氨基擴鏈劑的反應產物，後者則是異氰酸酯和端氨基化合物的反應產物（圖 5.12）。和聚氨酯相比，生成聚脲的反應速率更快，形成的氫鍵相互作用更強，耐水解性更好。由於聚脲具有效能大範圍可調、柔韌性好、強度大、熱穩定性高、附著力強、耐腐蝕、耐衝擊、耐疲勞等優異效能，其製備過程無溶劑、無汙染、對水分和溼度不敏感，可常溫固化、任意形狀施工等優點，所以聚脲的應用越來越廣泛。

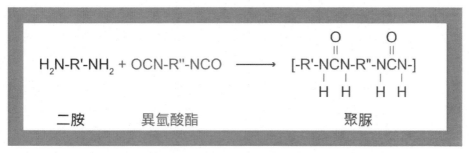

圖 5.12 聚脲的反應方程式

　　透過控制合適的條件，高分子中的微區可以有序排列，形成奈米級的週期結構。利用這種結構，可以進一步製備陶瓷納孔膜和鋰電池用微孔隔膜。

5.4
具有光響應特性的功能高分子 ·····

　　改變單體的化學結構，將功能性結構單元引入到高分子中，是製備各種功能高分子的重要方法之一。如果引入的是具有光響應特性的功能單元，就可以得到具有光響應特性的功能高分子。這樣的光響應功能基

團有很多，如二芳基乙烯、螺吡喃、俘精酸酐和偶氮苯等。這些光響應基團有一個共同的特點，就是在合適波長的光的作用下會發生可逆的構型變化，導致材料的許多重要的性質，如折射率、介電常數、氧化－還原電勢等發生可逆的變化，從而給材料帶來很多有意思的光響應行為。這些光響應材料在未來光通訊、影像顯示、光資訊儲存、光開關、光加工以及光控制方面具有廣泛的應用前景。

偶氮苯是一類常見的光響應功能分子，在紫外線及可見光作用下，會發生可逆的順－反構型變化（圖5.15）。

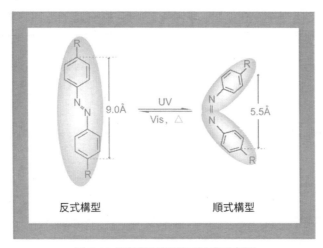

圖 5.15 偶氮苯基團順反異構示意圖

如果將單丙烯酸酯基的偶氮苯分子 1 與少量的雙丙烯酸酯基的偶氮苯分子 2（圖 5.16）共聚合，可形成具有一定交聯度的網狀結構。

在適當條件下偶氮苯基團會按照同一方向進行取向排列。用這種材料做成薄膜，當紫外線從膜上方照射時，膜中靠近光源一側的偶氮苯會發生構型的改變，引起膜的彎曲。光強在膜內會逐漸衰減，光強越弱，彎曲的曲率越小。透過改變入射光的偏振方向和光強，就能控制膜彎曲

的方向和速度。再用可見光進行照射，彎曲後的薄膜又會恢復到原來的形狀。這種光致形變高分子材料無須直接物質接觸即可智慧地實現對形狀的精準控制，是一類具有很好發展前景的智慧高分子材料。

> **功能高分子**：功能高分子材料，簡稱功能高分子，是具有光、電、磁、生物活性、吸水性等特殊功能的高分子材料。

透過進一步分子剪裁，調整材料的分子及聚集態微觀結構，得到的新型材料可實現多波長（紫外線／可見光／近紅外線）光響應，這樣就可方便地將光能直接轉變為機械能。科學家們在此基礎上開發出了光控微幫浦、微閥、微馬達等原型機，組裝出了全光碟機動的多關節、多自由度微型機器人等。用這種材料做成傳動帶，還可以實現光致轉動，將光能轉變為機械能，帶動輪子轉動。

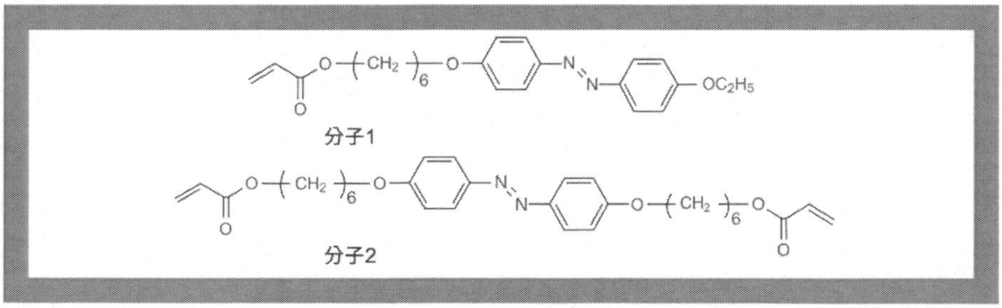

圖 5.16 單丙烯酸酯基的偶氮苯分子 1 與少量的雙丙烯酸酯基的偶氮苯分子 2 的化學結構式 [6]

在合適波長的干涉偏振雷射照射下，偶氮聚合物膜中發生偶氮苯基團可逆順反異構的同時，還會引起膜表面聚合物分子鏈的宏觀遷移，從而在聚合物膜表面形成幾百奈米尺度高低起伏的結構 [10]。溫度低於聚合物玻璃化轉變溫度時，分子運動被凍結，表面起伏結構可長時間儲存；將溫度升到玻璃化轉變溫度以上或用光的方法，可擦除表面起伏結構。

這種效應可以拓展偶氮聚合物在光電資訊儲存處理和製備新型光學裝置等方面的應用，如用於透視光柵、共振耦合器和非線性光學波導等。與傳統高分子光加工方法相比，這種光加工方法的優點在於只需一步偏振雷射照射即可完成，不需要預處理或後處理。傳統方法都為不可逆光加工，一經加工定型後，不能復原，而偶氮聚合物膜可多次重複讀寫。另外，此類偶氮聚合物材料的光致分子遷移效應還可以用於自體癒合材料，材料在外力作用下形成的劃痕、裂紋等可以透過光照得到癒合。

　　光響應高分子材料可以作為光資訊儲存材料。用一種波長的光進行照射，由於受光照的部分光響應的基團發生了結構變化，可以把資訊儲存進去，用另一種光照射又可以將存入的資訊讀取出來。這種光資訊儲存材料的儲存量大、效能穩定、結構更簡單，並且不會發熱。由於光響應基團用不同的光照可實現可逆的光致異構化，因此資訊儲存可反覆多次進行擦除、重寫。

　　光響應基團的不同異構體之間的轉變會引起材料顏色的顯著變化，這就是光致變色高分子材料，可發展各種新型、高效能的防偽技術。光照下防偽標記圖案發生變色，可肉眼防偽辨識，也可以用專用儀器進行測試辨識，如用紫外線—可見光譜儀測其特有的吸收波譜，進行辨別真偽。另外，透過對分子結構的調控，可精確調整光致變色材料的顏色變化，從而可以把目標融入大自然背景當中，實現智慧的隱蔽偽裝。這一特性也可在建築物、國防和軍事目標隱蔽偽裝方面得到應用。

　　光致異構還會引起材料親水性的變化，利用光響應材料製備的兩親性高分子，在光的作用下，疏水部分可以變為親水，從而可以實現材料表面的親／疏水性控制，還可以用於藥物緩釋等領域。

如果將光功能性結構單元換成熱、電、磁等刺激響應性結構單元，就可以獲得更多新奇的智慧材料。

總之，近年來光響應高分子材料在各個領域都有著廣泛的應用，已經成為功能高分子材料領域中不可或缺的重要部分。

5.5
基於多重鍵合交聯的新型高強度高分子水凝膠 ···········

如果將常見的線性高分子變成空間網絡狀結構，材料的效能會有很大的改變。高分子水凝膠就是一種三維網絡狀交聯結構的高分子及其所吸收的大量的水所組成的材料。

根據網絡的交聯方式，凝膠可分為化學交聯水凝膠和物理交聯水凝膠兩種。通常，化學交聯水凝膠是高分子鏈間以共價鍵交聯形成；而物理交聯水凝膠是由包括微晶、氫鍵、靜電相互作用、配位鍵及疏水締合等分子間作用力交聯形成，其中的網絡結構可以隨著溫度等的變化發生可逆的改變。

高分子水凝膠材料在醫療衛生、生物醫用、藥物緩釋、柔性感測器等諸多領域有著重要應用。但常規製備的高分子水凝膠，由於交聯點分布不均勻導致網絡的不均一性，存在力學強度低和延展性差等缺陷，制約了水凝膠的實際應用。

如何獲得高強度水凝膠？近十多年來，科學研究工作者一直在致力於改善水凝膠的力學效能，其中最成功的幾個例子包括拓撲水凝膠、奈米複合水凝膠、雙網絡凝膠、四臂聚乙二醇水凝膠、雜化雙網絡凝膠、疏水締合水凝膠等。

　　與傳統的水凝膠相比，這些新方法可以簡單歸為兩類：一種是從分子設計出發製備均勻凝膠網絡；另一種是在凝膠網絡結構中互穿另外一個可以破壞的犧牲網絡構成雙凝膠網絡，在受力條件下透過犧牲網絡的破壞耗散能量。這種水凝膠在力學效能上有較大改善。但其凝膠體系都屬於化學交聯水凝膠，一般製備較繁瑣，且均勻網絡的製備和能量耗散單元的引入需要分別去做。

　　能否在製備高強度凝膠時，將能量耗散單元的設計和凝膠網絡均勻化同時實現呢？一所大學化工系的研究小組獨闢蹊徑，提出了基於多重鍵合交聯（Multi-bond network，MBN）的高分子凝膠網絡設計概念，製備了由強弱不同的物理和化學鍵組合交聯所形成的多層級多重鍵合網絡凝膠。

　　眾所周知，具有動態可逆性的物理交聯點，在外場作用下凝膠網絡會發生破壞－重組。透過對這個過程的適當調控，可以使交聯點的分布重組，達到均化網絡的目的。此時，更強的交聯鍵則可以發揮承受和分散應力的獨特優勢。凝膠網絡中交聯鍵的層級越多，越是可以透過由弱至強的多層級逐步破壞，持續有效地耗散能量，達到強化凝膠的目的。

　　為此，研究小組提出了一種藉助奈米材料製備高強水凝膠的新方法：在奈米材料表面接枝聚合物鍊形成奈米刷，以奈米刷作為凝膠因子，採用一步法簡便地構築了具有雙交聯點的單網絡奈米複合物理水凝膠 [12]。

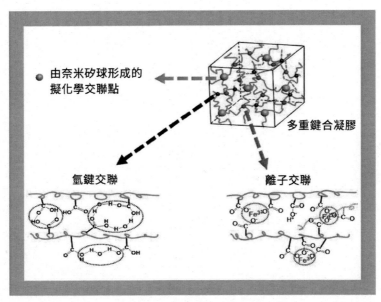

圖 5.23 奈米複合多重鍵合交聯網絡水凝膠製備過程及結構示意圖

　　如圖 5.23 所示，首先製備單分散的奈米粒子，如乙烯基雜化的二氧化矽奈米顆粒。由於奈米顆粒表面的乙烯基團可以與聚合物單體（丙烯酸、丙烯醯胺類水溶性單體）發生反應，在其上接枝上親水性聚合物分子鏈，從而形成核－殼結構的奈米分子刷，稱為凝膠因子。殼層的聚合物鏈之間可以透過側基（醯胺基、羧基等）形成大量的氫鍵，生成物理交聯點，再加入鐵離子後丙烯酸分子間可以進一步形成離子鍵合交聯點。需要強調的是，隨著氫鍵或離子鍵形成了動態交聯點，接枝了聚合物的奈米粒子就自然地成為凝膠中的一個個共價交聯點，稱為「擬交聯點」。因為隨著動態交聯點的全部破壞，「擬交聯點」也將不復存在，體系將恢復為奈米刷狀凝膠因子。當外力作用在凝膠上時，能量可以透過兩種途徑得到有效耗散：第一是可逆動態鍵的氫鍵和離子鍵在應力作用過程中不斷地斷開和重組，耗散能量，並使網絡均化；第二是以奈米粒

子為中心，施加在凝膠上的應力可以透過奈米粒子傳遞、分散至聚合物分子鏈，使應力在整個凝膠網絡上均勻分散。因此，以此方案所製備的一種奈米複合「多重鍵合交聯網絡」水凝膠，具有極好的力學強度，可以高達兆帕級，為普通凝膠的 50 ～ 100 倍，斷裂伸長率提高超 20 倍[12]。

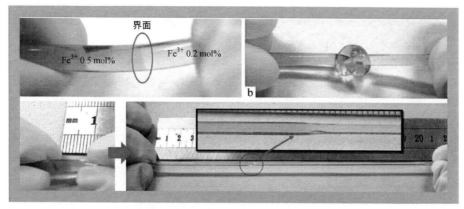

圖 5.24 含不同濃度鐵離子的水凝膠[13]

具有離子交聯的多重鍵合交聯網絡水凝膠還具有良好的自體修復效能。如圖 5.24 所示，含不同濃度鐵離子的水凝膠，離子濃度高的顏色較深，可以和離子濃度稍低的（顏色較淺）自體癒合到一起，得到的凝膠能夠彎曲、打結、輕易拉伸 20 倍。使用該凝膠作為固態電解質製備出了可自體修復、高拉伸的柔性超級電容器，如圖 5.25 所示。該柔性超級電容器可以輕易拉伸 6 倍，解除安裝後完全恢復；且切斷後重新對接可以完全自體修復，效能完美保持。相關研究成果 2015 年底發表在國際權威期刊《自然－通訊》（*Nature Communications*）上。一種既可拉伸十數倍又可隨意壓縮的柔性超級電容器也基於多重鍵合交聯網絡凝膠被研製出來，成果發表在 2017 年 7 月的國際著名期刊德國《應用化學》（*Angewandte Chemie*）上。

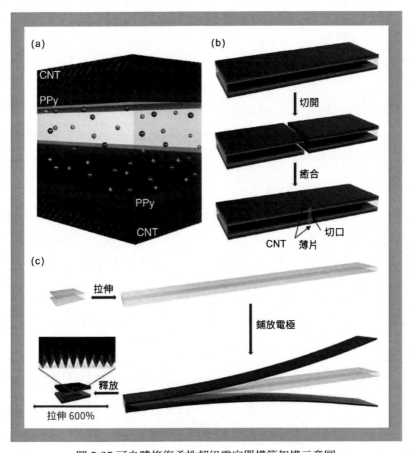

圖 5.25 可自體修復柔性超級電容器構築架構示意圖

（a）奈米矽球－聚丙烯酸凝膠為電解質和聚吡咯－碳奈米管紙為電極的超級電容器；（b）超級電容器的切斷和修復；（c）超拉伸超級電容器

　　總之，基於所提出的多重鍵合交聯的新型高強度水凝膠這一概念，成功地實現了在外力作用下使凝膠網絡能量耗散和網絡均勻化相結合，獲得了高強韌、超拉伸的水凝膠，為水凝膠的高效能化及發揮其在生物材料、人工肌肉、藥物緩釋、自體修復材料、能源材料以及感測材料等領域的功能應用開闢了一條新路。

5.6
聚合物微球 ···

　　高分子材料除了可以被加工成宏觀的纖維狀、塊狀和薄膜等形狀外，還可以採用特殊方法和工藝製成直徑從奈米到微米、外形為球體或其他幾何形狀的聚合物小球的特種功能高分子材料，其效能和用途與宏觀材料迥異，例如聚合物微球。

　　橡膠樹中的膠乳就是自然界中聚合物微球的典型例子，它主要是由聚異戊二烯微球分散在水中形成的。早期人工合成的聚合物微球主要用來製備橡膠製品，目前已擴展到塑膠、油漆、黏合劑、紡織、造紙、印染、皮革等領域。特別是近三十年來，隨著聚合物微球形態控制和功能化技術的發展，其應用也從傳統工業迅速擴展到醫療診斷、藥物遞送、電子資訊、能源、化妝品、高效能材料等領域。

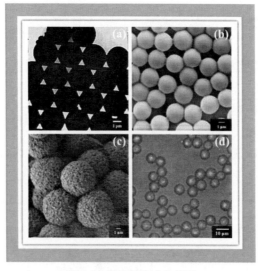

圖 5.26 微米級聚合物微球

　　聚合物微球的製備方法有多種，可以透過小分子單體在特定介質中的聚合反應來製備，也可以透過特殊方法將聚合物分散在介質中而得到。為了滿足不同用途對微球大小和功能的需求，還需要在製備過程中引入功能性單體、或者對已有聚合物微球進行功能化改性。常用的製備方法包括懸浮聚合、分散聚合、乳液聚合、微乳液聚合、細乳液聚合、相反轉乳化技術等。由於水無毒價廉，不存在環境汙染和健康危害等問題，以水為介質，已成為研發和產業化聚合物微球的主要方向。

　　圖 5.26 是微米級聚合物微球的照片。其中（a）是粒徑為 4μm 的聚苯乙烯微球的透射電鏡照片，以其為主要成分製備的診斷試劑，可實現對特定疾病的快速診斷；（b）是粒徑為 3μm 的聚丙烯酸酯微球的掃描電鏡照片，已在化妝品生產中得到應用；（c）是粒徑為 10μm 的聚甲基丙烯酸甲酯多孔微球的掃描電鏡照片，是高解析度雷射列印墨粉的主要成分之一；（d）是一種粒徑為 8μm 的交聯聚丙烯酸酯微球的顯微照片，是目前製備高分辨平板顯示器不可或缺的功能材料。

　　圖 5.27 是亞微米級聚合物微球的透射電子顯微鏡照片。其中（a）是粒徑為 298nm 的聚合物微球，透過一定方法將生物酶或藥物固定在聚合物微球上，可製備出效能優異的固定化酶或緩控釋藥物；（b）是粒徑為 300nm、壁厚為 50nm 的中空聚合物微球，作為白色塑膠顏料代替鈦白粉已得到廣泛應用；（c）是一種多層核殼結構的聚合物微球，以它為主要原料製備的外牆油漆具有高抗汙和抗裂等優異效能；（d）是一種內部為空氣、中間層為聚合物、外層為二氧化鈦的聚合物－無機複合中空微球，這種新材料將空氣的輕質、無機物的高強度，以及聚合物的黏彈性整合在一起，實現了從材料結構到效能的精確可控；（e）是粒徑為 360nm、表面定向生長了二氧化鈰奈米晶的聚合物微球，它可以快速分解環境中危害環境和人體健康的有機物。

圖 5.27 亞微米級聚合物微球

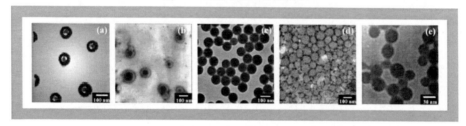

圖 5.28 奈米級聚合物微球的 TEM 照片

　　圖 5.28 是奈米級聚合物微球的透射電鏡照片。對於由聚矽氧烷和聚丙烯酸酯兩種材料製備的核殼結構聚合物微球，若以聚丙烯酸酯為核，所得微球是一種很好的織物整理劑（a）；反之，若以聚矽氧烷為核，所得微球則是一種效能優異的脆性塑膠的抗衝改性劑（b）。將抗癌藥物或農藥透過特殊方法包封或負載到聚合物微球裡，可以製得具有靶向和緩控釋效能的抗癌藥物（c）或奈米農藥（d）；具有質子傳導效能的高分子微球（e）在燃料電池領域也有很好的應用前景。

　　另外，將染料單元聚合到分子鏈上，還可以製備出色彩絢麗的奈米級彩色聚合物乳液［圖 5.29（a）］。這類新型乳液可以直接生產出各種顏色和螢光的水性油漆、水性漆、水性墨等產品［圖 5.29（a）、（b）、（c）］，沒有掉色問題，不用擔心染料或顏料的脫落給環境帶來的危害，是一種對環境友善的新產品。

圖 5.29 彩色奈米聚合物乳液及產品照片

　　從上面的介紹中可以發現，我們可以透過對微球的組成、尺寸及其分布、形態形貌的調控、表面化學修飾等多種方法來控制微球的效能，使其具有極為豐富的功能和用途。

5.7
生物醫用高分子 ·····································

　　與金屬和陶瓷材料相比，高分子材料具有無可比擬的結構和效能可調範圍，是生物醫用材料中最大的一個類別。再說，生物體本身就是由蛋白質、核酸和聚糖等生物高分子建構成的，高分子材料往往是替代生物組織的最佳選擇。

　　經過多年研究，高分子材料在醫療器具領域已經廣泛應用，例如聚乳酸基可降解血管支架、超高分子量聚乙烯人工關節、聚丙烯酸酯或者聚矽氧烷基的水凝膠隱形眼鏡等[16]。此外，高分子材料在製藥中的應用也很廣泛。藥品中常常使用大量的輔料來提高藥物的溶解性、幫助藥物吸收甚至使藥物能夠靶向到達體內的作用部位，這些輔料對增加藥物療效和降低毒副作用會造成關鍵作用[17]。藥品中的輔料大多為高分子材料，而每一個藥品製劑都可以看作是透過特定加工方法（製劑工藝）得到的多組分多相材料。因此高分子物理和成型加工方法是製藥研究的基礎之一。合成高分子本身也可以作為藥物的有效成分，例如臨床上用於治療多發性硬化症的 Capoxane®，其有效成分就是一個由麩胺酸、賴氨酸、丙氨酸和酪氨酸這四種氨基酸單體透過無規共聚得到的相對分子質量在 4,700 ～ 11,000 的聚氨基酸。還有臨床上用來治療腎病患者血液中磷酸根含量過高病症的交聯聚烯丙胺的口服凝膠顆粒（Renagel®）。

　　下面透過兩個例子，簡單介紹一下高分子生物醫用材料的設計原理。

　　第一個是治療白內障的人工晶狀體的研製。白內障是患者的眼內晶狀體混濁，影響光線到達視網膜成像。臨床上常用的治療辦法是手術摘除混濁的晶狀體，植入人工晶狀體[18]。人工晶狀體最早使用的材料與第二次世界大戰有關，英國的哈羅德·雷德利（Harold Ridley）醫生注意到有些戰鬥機飛行員在執行任務時眼內會濺入駕駛艙玻璃碎片，這些駕駛艙玻璃使用的材料是聚甲基丙烯酸酯。令人驚奇的是這些有機玻璃碎片可在飛行員眼內長期存留而未引起顯著的毒性，也就是說在眼內的生物相容性很好。受此啟發，雷德利醫生在 1949 年使用聚甲基丙烯酸酯材料發明了第一代人工晶狀體。人工晶狀體的主體是一個直徑為 8 ～ 9mm，

厚度約為 2mm 的圓片,周圍有伸出的襻來使其植入後固定。但是由於聚甲基丙烯酸酯在室溫下處於玻璃態,不能摺疊,所以植入手術需要在眼球上切出一個較大的傷口,患者往往需要術後住院觀察數天。

　　為了減輕患者傷痛,第二代人工晶狀體應運而生。選用多種丙烯酸酯類單體的共聚物,透過對單體種類的選擇和組成進行調節,新材料的玻璃化轉變溫度低於室溫,在室溫下是一個彈性材料。這樣人工晶狀體可以摺疊後植入眼球,植入後由於彈性使其恢復原來的形狀。這樣人工晶狀體植入變成一個微創手術,幾分鐘即可完成。材料設計上一個小改良就可使治療前進一大步。

┌───┐
　　晶狀體:眼球的主要屈光結構。位於虹膜之後,玻璃體之前,為透明的雙凸形扁圓體。由睫狀肌調節使之改變曲度,使物像清晰地落於視網膜上。晶狀體渾濁,引起視力障礙,此時瞳孔內呈白色,稱白內障。
└───┘

　　進一步研究發現,原來晶狀體可以吸收部分紫外線,從而降低紫外線對視網膜的損傷。因此,在材料中引入對紫外線有吸收的單體,又開發了第三代人工晶狀體。目前使用的 AcrySof 人工晶狀體的高分子材料化學結構如圖 5.32 所示,是一種交聯的聚丙烯酸酯共聚物,其中最右邊的單體側基由於有長的共軛結構,因而對紫外線有吸收作用。

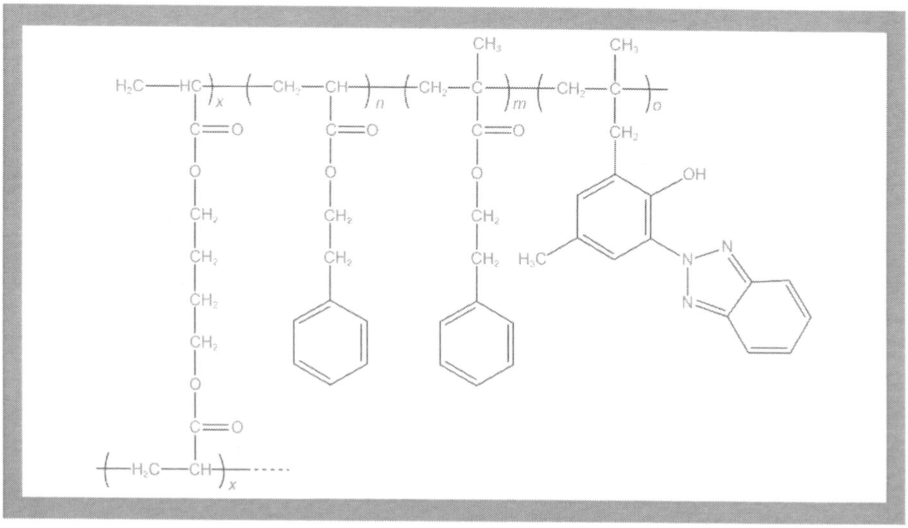

圖 5.32 目前使用的一種人工晶狀體的高分子化學結構示意圖

第二個例子是聚乙二醇化蛋白藥物的製備。聚乙二醇化蛋白質藥物是指蛋白質分子與聚乙二醇之間透過化學鍵連線而成的複合大分子[19]。隨著生物技術的發展，越來越多的蛋白質和多肽被用作藥物，成為小分子藥物之外的一個重要的藥物分子型別。但是，對許多蛋白質和多肽而言，其尺寸小於腎過濾孔徑（6～10nm），在注射後會很快由腎排出體外；再加上血液中各式各樣的蛋白酶也會導致這些蛋白類藥物降解，使得許多蛋白類藥物在體內停留時間非常短，其停留半衰期甚至要以分鐘來計，因此需要頻繁注射，從而大大降低了其臨床使用的可行性。透過在蛋白質上鍵連上一條或多條水溶性高分子鏈，既可以增加整個分子的尺寸，也可以抑制酶與蛋白質分子的接觸，從而在腎排出和酶降解兩個方面同時發揮作用，大大延長了蛋白質藥物在體內的停留時間。

以肝炎治療藥物干擾素 Interferon-α-2a 為例[20]，其靜脈注射後消除半衰期僅為 3～8h，即使每天注射，體內的藥物濃度也會在相當長的時

間內低於最低有效濃度。與之相比，在干擾素上接枝一條 4 萬分子量的枝化聚乙二醇鏈後，就可以將靜脈注射後的消除半衰期提高至 65h，每週注射一次就可以在體內維持有效藥物濃度，極大地提高了患者的順應性和臨床療效。

大多數蛋白質－高分子偶聯物使用聚乙二醇作為高分子組分，一是由於聚乙二醇有著極好的注射生物相容性，二是可以方便地利用聚乙二醇的端基官能基進行接枝反應。到目前為止批准臨床使用的蛋白質－高分子偶聯物約有 12 個，都是使用相對分子質量 5,000 ～ 40,000 的直鏈或者枝鏈的聚乙二醇。

5.8
超分子組裝與超分子聚合物 ⋯⋯⋯⋯⋯⋯⋯⋯⋯⋯⋯⋯⋯⋯

如果將原子比喻成「字母」，結構單元就是「單字」，高分子就好比是「句子」（圖 5.34），下面要介紹的超分子就是「段落」。化學家透過一定的方法，將「句子」組裝成「段落」，就能夠譜寫出更加華麗的篇章。

分子是透過原子間共價鍵相互作用形成的，而超分子則是由不同的分子透過非共價相互作用（超分子作用）形成的功能組裝體。

1987 年的諾貝爾化學獎授予了美國科學家佩德森（Charles J. Pedersen）、克拉姆（Donald James Cram）和法國科學家萊恩（Jean-Marie Lehn），以表彰他們在超分子化學方面的開創性工作。萊恩在獲獎演說中為超分子化學作了如下解釋：超分子化學是研究不同化學物種透過非共價相互作用締結而成的、具有特定結構和功能的組裝體系的科學。超

分子化學的研究領域主要包括分子自組裝、摺疊、分子辨識、主客體化學、機械互鎖分子構造和動態共價化學。2016 年迎來了超分子化學領域的又一重要事件，法國科學家索法吉（Jean-Pierre Sauvage）、美國科學家史多達爾（J. Fraser Stoddart）和荷蘭科學家佛林加（Bernard L. Feringa）因在「分子機器的設計和合成」方面的傑出貢獻而獲得諾貝爾化學獎，分子機器可謂是「最小機器」，只有人類頭髮直徑的千分之一大小。

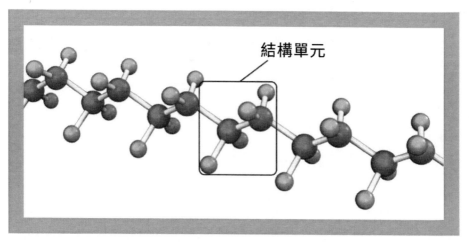

圖 5.34 聚乙烯（句子）及其結構單元（單字）

非共價相互作用：一般是指除了共價鍵、金屬鍵以外的分子間相互作用的總稱，主要包括凡得瓦力、氫鍵、離子鍵、π-π 堆砌作用等。大多數非共價相互作用的強度比一般的共價鍵低 1～2 個數量級，作用範圍在 0.3～0.5nm 之間。這些作用單獨存在時，的確很弱，極不穩定，但在超分子和生物高層次結構中，許多弱的非共價相互作用同時發揮作用，往往對超分子聚集態結構和生物大分子構象造成決定性作用。

　　雙螺旋結構的 DNA 就是一種典型的超分子（圖 5.35）。1953 年，美國科學家華生（James Watson）和英國科學家克里克（Francis Harry Compton Crick）發現了 DNA 雙螺旋結構。DNA 分子中脫氧核糖核苷的序列記錄了生命的遺傳資訊，並且可以透過精確的氫鍵辨識、配對來表達、複製這些遺傳資訊，從而決定了生物性狀。這項成果被譽為「20 世紀最偉大的科學成就」，他們與英國科學家威爾金斯（Maurice Hugh Frederick Wilkins）共同獲得 1962 年諾貝爾生理學或醫學獎。

　　生物體系中就有很多超分子作用，例如，血紅蛋白（Hb）基於超分子作用，實現對氧的吸附與運載。雙層磷脂分子透過超分子作用形成細胞膜，這是構成生命的基本結構。

　　與共價作用相比，分子間的非共價相互作用屬於弱相互作用，主要包括氫鍵、金屬配位作用、π-π 相互作用、凡得瓦力、靜電相互作用、疏水作用等。共價作用與非共價作用的主要區別見表 5.1。

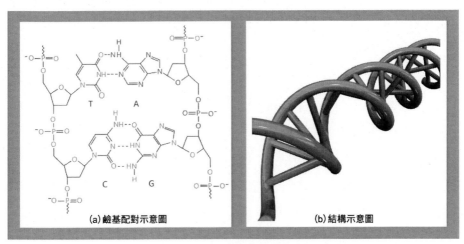

圖 5.35 DNA 雙螺旋結構

表 5.1 共價作用與非共價作用的區別

項目	共價作用	非共價作用
構成單元	原子	分子、離子
鍵的類型	共價鍵	氫鍵、配位作用、π−π相互作用等
鍵能（kJ·mol⁻¹）	146.5～565	8.4～83.7
穩定性	高	低
溶劑的影響	次要	主要

　　超分子化學與高分子科學相結合，就衍生出了超分子聚合物這一全新的研究領域。1990 年，萊恩首次提出超分子聚合物（supramolecular polymer）的概念。1997 年，荷蘭科學家梅耶爾（E. W. Bert Meijer）首次證明單體僅依靠非共價相互作用，就可以結合成超分子聚合物 [22]。

　　超分子聚合物主要包括氫鍵超分子聚合物、金屬配位超分子聚合物和 π-π 堆積超分子聚合物三種主要型別。超分子聚合物不僅具有傳統聚合物的特徵，而且由於弱的非共價作用，其組裝結構及效能可隨溫度、溶劑、新增劑等的變化而發生改變，這就賦予此類材料許多新奇的效能，包括自體修復性、刺激響應性、加工性、特異性辨識等。因此，超分子聚合物適合用作自體修復材料、熱熔油漆及黏合劑、吸附材料、藥物載體等。

　　自下而上的分子自組裝，是建構結構明確的功能體系的重要技術之一。非共價相互作用具有動態可逆特徵，因而自組裝結構具有刺激響應性。這一特徵使得自組裝材料成為一種新的智慧材料，能滿足藥物控釋體系、敏感元件、自體癒合材料、刺激響應裝置等的要求。

　　常見的外界刺激訊號包括 pH、溫度、溼度、壓力等。

　　人工 pH 響應性結構必須含有質子化基團，或者含有可隨 pH 變化而斷裂的化學鍵。最簡單的 pH 響應性分子自組裝結構是由脂肪酸形成的囊泡，就是利用質子化基團來設計的。還可利用超分子兩親性分子來獲得 pH 響應性。荷蘭科學家埃什（Jan H. van Esch）等利用動態亞胺鍵，將兩種非表面活性分子結合成表面活性劑 [23]。在鹼性條件下，醛基功能化

的分子與伯胺功能化的分子透過形成亞胺鍵，原位形成兩親性分子，並進一步組裝成膠束（圖 5.38）。這種膠束空腔中可以裝載尼羅紅染料，當將 pH 調至酸性時，亞胺基斷裂，導致膠束解體，染料釋放出來，這一過程可以透過紫外線－可見光譜進行分析。這種 pH 調控的自組裝結構非常適合用作智慧控釋體系。

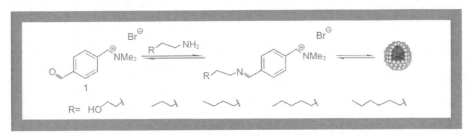

圖 5.38 基於動態亞胺鍵形成超分子兩親性分子

利用氫鍵的溫度響應性可以改變材料的顏色。例如，聚苯乙烯 -b- 聚（乙烯基吡啶甲磺酸鹽）和 3- 正十五烷基苯酚透過氫鍵作用，組裝形成光功能化奈米材料，是長片狀的，具有週期有序陣列結構[24]。由於週期結構帶來的光子帶隙，可見光的傳輸被完全或部分抑制，因此，這種材料在室溫下是綠色的。當加熱到一定溫度，氫鍵破壞的同時，3- 正十五烷基苯酚從側基上脫落，導致層狀結構破壞，材料快速轉變為無色，當再次冷卻，又能恢復成綠色。這種材料適合用作感測器和溫度響應性材料。

超分子化學未來的發展方向主要有兩點：第一，要把研究從簡單體系轉移到複雜體系，超分子體系和建構體系的單元從功能和結構上都要更加複雜；第二，要把研究從固態和溶液的均相體系轉移到表面和界面上。總之，要研究更加複雜的超分子體系，並能表達多功能性和響應回饋的協同作用。

相信隨著超分子化學的發展，將來我們利用化學方式來人工製造生命，將不再是夢想！

5.9
結束語

新材料是工程和技術的基礎。今天，可以毫不誇張地說，幾乎每一項新技術、新產品的發明都離不開材料。而高分子材料是結構最多樣、效能最豐富、加工最容易、發展最迅速的一大類材料。我們耳聞目睹的各種黑科技，背後大都有高分子材料的身影。

「窮則變，變則通，通則久。」百變高分子，我們可以透過改變其單元的分子結構、單元的連線方式以及材料的聚集態結構，獲得從軟到硬、從絕緣到導電、從通用塑膠到高效能工程塑膠、從日常包裝到功能應用的各種效能各異的高分子材料。因為變化多樣，不拘一格，所以無所不能。高分子材料成功地改善了人們的生活，也推動著社會的進步。為高分子材料再添一種變化，就為美好未來再加一份可能。這份努力需要他，需要我，更需要你。也許下一種神奇的高分子材料，就誕生在你的手中！

06

太陽燃料：人工光合成生產太陽燃料

Solar Fuel: Artificial Photosynthesis for Solar Fuel Production

太陽燃料：人工光合成生產太陽燃料
Solar Fuel: Artificial Photosynthesis for Solar Fuel Production

「上帝說要有光，於是我們有了太陽。」在古代宗教信仰中，太陽一直是大家敬重的神明。在現代科技社會，我們已然知曉太陽不是上帝，它是人類賴以生存的「燃料」，是我們可以借力的能源工具。

在科技力量的加持下，我們一直在破解太陽的神奇魔力，還將太陽與植物之間的合作祕訣解鎖並放大，從而推進了人類社會生產力的進步，同時也保護了我們賴以生存的自然環境。

人工光合成太陽燃料是解決能源和環境問題，建構生態文明的根本途徑之一，其發展仍然面臨許多科學和技術上的挑戰。自然光合作用是利用太陽能將水和二氧化碳轉化為生物質的過程，其基本原理為建構高效的人工光合成體系提供重要的理論基礎。發展高效的人工光合成體系，具象地可稱之為「人工樹葉」，就是實現利用太陽能分解水製氫，或者耦合二氧化碳產生液態太陽燃料。本章內容闡述了從自然光合作用的原理獲得啟發，道法自然，建構高效人工光合成體系生產太陽燃料的基本理念、基本原理和實踐，特別介紹了中國科學家的突出貢獻。

6.1
引言

隨著社會的發展，能源短缺和環境問題日益突出。人類越來越多的能源需求不僅導致了傳統化石能源的逐漸枯竭，而且燃燒排放的二氧化碳等溫室氣體還帶來了全球氣候變化和環境汙染等問題，給人類生存和發展帶來嚴峻的挑戰，這些問題已經引起了世界各國政府和科學家的高度關注。

> **碳中和**：碳中和簡單指的是社會發展過程中，人類透過植樹造林，節能減排和潔淨能源技術等方式，最佳化產業和能源結構，消納向地球大氣排放二氧化碳的總量，排放和吸收平衡，實現二氧化碳零排放。

據統計，大量化石能源的使用造成全球二氧化碳排放量以每年接近 2.5% 的速率增長，大氣中二氧化碳濃度已從工業革命前的 280ppm 左右上升到 410ppm 左右，並有可能在 2050 年達到 470ppm。過高的二氧化碳濃度嚴重影響了自然界中碳循環的平衡，導致溫室效應加劇、極端氣候增多、生態破壞嚴重等一系列負面影響，對全球氣候和生態環境提出了嚴峻挑戰。因此，如何高效地實現二氧化碳的捕獲和儲存以及轉化利用，成為近年來備受關注和急待解決的問題。2015 年 12 月 12 日，巴黎世界氣候變化大會通過了溫室氣體減排協定。如何在不影響經濟發展的前提下降低碳排放，是我們面臨的重大挑戰。

取之不盡，用之不竭的太陽能是最理想的可再生能源之一。利用太陽能生產清潔可儲存太陽燃料，受到世界各國科學家越來越廣泛的重視。自然界中的光合作用（photosynthesis）是利用太陽能的高手。在這個過程中，太陽能被高效地轉化為化學能，儲存在由水和二氧化碳轉化的生物質中，同時放出氧氣。近年來，化學家向自然學習，從生物光合作用原理中得到啟發，提出了人工光合作用（artificial photosynthesis），即透過建構高效的人工光合成體系將太陽能轉化為化學能生產太陽燃料（solar fuels）的過程[1]。

氫氣具有能量密度大、燃燒效率高等優點，且燃燒產物只有水，潔淨無排放，是最佳的太陽燃料，在未來的能源發展中占據不可替代的地

位。儘管應用氫燃料需要建設新的能源基礎設施，但是整合現有的能源基礎設施，對於經濟發展和加速向可持續能源轉變是非常重要的。同時，氫氣還是非常重要的生產其他能源分子以及化學品的原料。因此，利用豐富的太陽能和水資源，發展太陽能分解水製氫技術，是從根本上解決能源和環境問題的有效策略之一。

> **太陽能**：太陽光輻射（單位面積內的輻射能量）進入大氣層時，由於大氣臭氧層對紫外光的吸收，水蒸氣對紅外線的吸收，以及大氣中塵埃和懸浮物的散射等作用，其輻射能量衰減 30% 以上，在典型的晴天時太陽光照射到一般地面的情況，其輻射總量為 $1000W/m^2$。

6.2
光合作用 —— 大自然的祕密 ....

　　光合作用是地球生物圈中能量循環不可缺少的環節，時時刻刻在調節著人類賴以生存的地球環境。人類現在使用的化石燃料煤炭和石油也都是很久以前的光合作用產物。因此，光合作用對能源供給和改善地球環境具有非常重要的作用。光合作用的本質是將太陽能轉化為化學能，並將能量儲存在有機物分子中。科學家很早就開始了對光合作用的研究，其中 1961 年發現了 CO_2 固定的 Calvin 循環，1988 年確定了光合反應中心的三維結構，1997 年闡明了 ATP 合成酶的催化機理，這三項成果都獲得了諾貝爾化學獎。光合作用不僅是化石燃料的源頭，而且對開發新的潔淨能源具有重要的指導作用。人們透過研究自然光合作用獲得靈感，嘗試構築人工光合作用系統，合成人類可以直接利用的潔淨可再生能源。

　　春天的田野裡，我們經常可以看到一棵棵向日葵每天都在迎著太陽轉動，豔陽高照的夏天，向日葵苗壯成長，結出了像太陽一樣的「果盤」，到了秋天，沉甸甸的果盤成熟了，結出豐厚的果實，為我們提供了營養豐富的植物油。這個過程讓我們對大自然充滿了好奇，也更加崇拜自然的力量。如果你了解一些生物化學知識，就知道這就是我們通常說的光合作用。綠色植物利用太陽光進行光合作用，是將水（H_2O）和二氧化碳（CO_2）轉化成有機化合物的過程，為地球上一切生物包括人類的生存和發展提供了物質和能量基礎。在光合作用中，光能被轉化為化學能儲存在碳水化合物中，是一個重要的能量轉化過程。

　　光合作用：光合作用被認為是「地球上最重要的化學反應」，也是規模最大的化學反應。約 35 億年前，地球上出現了最早的放氧光合生物 —— 藍細菌，透過光合作用放出氧氣，使地球的進化過程發生了翻天覆地的變化。之後大量生物的出現，並經過數十億年的演化，地球上才形成了人類得以出現和賴以生存的生態環境。

　　在光合作用中，與太陽能轉化直接相關的過程發生在葉綠體的類囊體膜上（圖 6.3）。在類囊體膜上廣泛鑲嵌著進行光合作用的四種光合膜蛋白：光系統Ⅱ（photosystem Ⅱ，PS Ⅱ）、光系統Ⅰ（photosystem Ⅰ，PS Ⅰ）、細胞色素 b_6f（cytochrome b_6f）和 ATP 合酶（ATP synthase）。這些光合膜蛋白都是超分子蛋白複合體，在其蛋白主體結構上結合了大量光合作用中所需要的色素、電子傳遞輔因子、酶類等。這些光合膜蛋白各有分工、協同作用，共同完成了光合作用太陽能轉化。

　　光合作用一般可以分為以下四個基本過程：

1. 原初光反應，包括太陽光能的捕獲與傳遞，反應中心光反應形成電荷分離態。

2. 光碟機動水氧化，水被氧化產生質子放出氧氣。

3. 同化力形成，光系統之間的電子傳遞及耦合的磷酸化反應，最後形成同化力還原型輔酶 II（NADPH）和三磷腺苷（ATP）。

4. 碳同化作用，即利用同化力 NADPH 和 ATP，透過 Calvin 循環將 CO_2 轉化為碳水化合物。

其中，原初反應、光碟機動水氧化和同化力的形成是在類囊體膜蛋白上發生的，與光直接有關，又被稱為光合作用的光反應階段；而碳同化過程是發生在葉綠體基質中的酶催化反應，不需要光的參與，被稱為光合作用的暗反應階段。

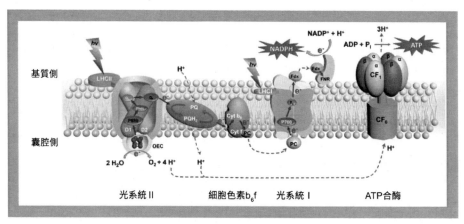

圖 6.3 光合作用的光反應示意圖 [1]

6.3
道法自然 —— 人工光合成 ··

　　大自然的偉大成就成為科學家學習和超越的夢想。科學家希望透過模擬自然光合作用，創造出一個與之相似的人工光合成系統，我們可以具象地把這種系統稱為「人工樹葉」，它不僅可以自動捕獲太陽光，還可以在常規溫和的條件下將水分解為氫氣和氧氣，或者將水和二氧化碳轉化成甲醇等太陽燃料。然後，太陽燃料為小汽車等提供動力，燃燒之後產生水和二氧化碳，淨反應只是利用了太陽能，實現了零排放。人工光合合成並不是一個新名詞，早在 1970 年代初，受石油危機的影響，科學家就開始嘗試模擬光合作用進行光碟機動水分解和二氧化碳還原的研究，但是該研究具有非常大的挑戰性，由於技術條件的限制，這項研究一度進展緩慢，最近十年才得到迅速發展。

> **道法自然**：道法自然出自《道德經》，是老子哲學的重要思想，「人法地、地法天、天法道、道法自然」。道是自然界萬物發展最基礎，最簡明而又最深邃的規律；法是效法，受到啟迪；自然指的是自然而然的狀態。在這裡道法自然指科學家效法自然光合作用的深層規律，發展人工光合成體系。

　　「人工樹葉」的設想如果真的能夠實現，那將是未來解決能源和環境問題最理想的方案之一，因此深深吸引著科學研究人員尋找有效的方式進行多種模型體系的設計。人們期望得到一種類似自然界綠葉甚至比它更優秀的系統，成為高效的太陽能轉化製備太陽燃料的工廠。我們身邊

的那些植物，它們每天都在悠閒自得地完成這一看起來不可能完成的任務。可以想像，若「人工樹葉」在日照充分並且無人居住的沙漠地區大規模地推廣，形成一片片「人工樹林」，將為人類和地球帶來極大的生態改善和能源革命。實際上，傳統的太陽能利用技術，例如太陽能發電、太陽能供熱、生物質能利用等，都已經步入實用化階段，但是仍然無法取代化石能源。倘若人工光合成技術能夠實現，它將有望成為替代化石資源的新一代能源技術。

在科學家眼裡，人工光合成的研究是一尊「化學聖杯」。

光催化分解水是一個涉及多電子轉移的能量爬坡反應，總吉布斯自由能為 237kJ/mol，整個反應是由三個在時間尺度上跨越多個數量級（從飛秒到毫秒）的過程構成的：光吸收產生光生電荷，光生電荷分離，表面催化反應。太陽能總利用效率由光吸收效率、電荷分離效率以及表面催化反應效率的乘積共同決定，其中任何一個過程都會影響到光催化分解水的效率。該反應的研究目前仍面臨極大的挑戰。

從該領域發展趨勢和經驗分析來看，人工光合成要獲得大的突破，必須在幾大關鍵基礎科學問題上獲得突破性進展：研製新型寬光譜捕光材料，提出高效的光生電荷分離策略，發展高效的氧化還原雙助催化劑以及新的助催化劑沉積方法，發展整合光催化劑和光電極體系的構築方法，深入理解光－化學轉化過程的微觀機制和催化反應動力學，進而發展穩定高效的人工光合成體系。

因此，世界各國政府和科學研究部門都在加大力度，加強人工光合成的研究。2009 年韓國也成立了人工光合成研究中心（The Korea Center for Artificial Photosynthesis，KCAP），專注於太陽能的轉化與儲存研究。美國能源部實施了一個龐大的氫能計劃，並於 2010 年成立了人工光合成

聯合研究中心（Joint Centre for Artificial Photosynthesis，JCAP），提出到 2025 年氫能將占整個美國能源市場 8% ～ 10% 的發展目標。歐洲各國對人工光合成的研究始終給予了極大的關注，例如瑞士「NanoPEC」專案聯合歐洲七大研究機構，重點發展高效太陽能分解水製氫研究。日本人工光合成化學工藝技術研究組（ARPChem）於 2012 年 12 月展開了「清潔可持續化學工藝基礎技術開發（革新性催化劑）」專案，集合日本 5 家企業、1 家研究機構和 6 所大學展開聯合突破瓶頸，預計 10 年內共提供約 150 億日幣的研發資金，用於人工光合成化學的基礎科學研究和技術開發。由此可見，國際上人工光合成太陽燃料的研究競爭已十分激烈。

6.4
清潔可再生的太陽燃料 ⋯⋯⋯⋯⋯⋯⋯⋯⋯⋯⋯⋯⋯⋯⋯⋯

　　人工光合成的主要目的是生產清潔可再生的太陽燃料，就是透過人工光合裝置，利用太陽能把水分解成氧氣和氫氣，而氫氣是一種清潔能源，燃燒以後可以釋放大量能量被人類利用，同時又變為水，無任何汙染；利用太陽能把水和捕獲的二氧化碳轉化為液體燃料，液體太陽燃料在終端使用者被利用，產生無汙染的水和二氧化碳，如此循環，實現清潔無汙染的能源體系（圖 6.5）。

　　因此，以生產太陽燃料為目的，人們展開了包括光催化分解水製氫、二氧化碳還原等人工光合成的研究，下面將分別進行介紹。

▶ 光催化或光電催化分解水製氫

對於水的分解來說，可以理解成水的還原和水的氧化兩個半反應。相對來說，水的氧化是目前水分解反應的瓶頸，不僅需要比較高的能量，而且要得到一個氧氣分子，需要完成四個電子的轉移過程，十分複雜。自然光合作用的水氧化反應在光系統 II 的錳簇（Mn_4CaO_5）水氧化中心完成。目前科學家透過人工設計的水氧化催化劑進行高效的水氧化反應，速率甚至比天然的植物要快很多倍，但是催化劑的穩定性和實際應用還受到諸多限制。

光催化分解水製氫的主要原理如圖 6.6 所示。裝置主要由吸收太陽光的半導體材料或染料分子等捕光組分和促進化學反應發生的助催化劑組成。在催化劑作用下，吸收太陽光能，打斷氫氧化學鍵，形成氫氣和氧氣分子。

常用的光催化劑為半導體材料，當光催化劑被具有一定能量的光子激發後，將半導體的電子（負電荷）激發至高能量，相應地產生一個空穴（正電荷），生成電子－空穴對。正負電荷發生分離並遷移至光催化劑的表面後，與吸附在表面的水分子分別發生還原反應和氧化反應，形成氫氣和氧氣。

高效的光催化分解水體系不僅要有好的吸光材料，以更好地捕獲太陽光，還需要對催化劑表面進行修飾合適的助催化劑，來克服水的氧化和還原過程中的能量勢壘，降低活化能。助催化劑通常是不吸光的材料，主要作用是提供表面反應的活性位點，提升表面氧化還原反應的效率。

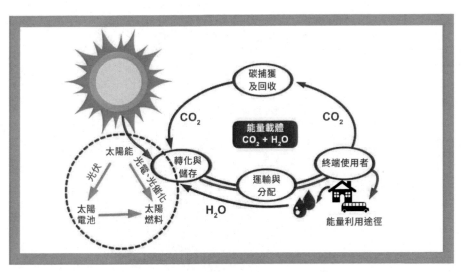

圖 6.5 基於太陽燃料的潔淨能源體系 [3]

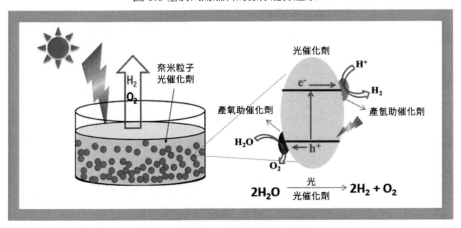

圖 6.6 光催化分解水製氫示意圖

一家研究所的研究團隊，開發了以釩酸鉍（$BiVO_4$）為產氧端，氧化鋯修飾的氮氧化鉭（$ZrO_2/TaON$）為產氫端，以鐵離子對（$[Fe（CN）_6]^{3-}$/$[Fe（CN）_6]^{4-}$）為氧化還原電對的全分解水的光催化體系。透過設計和調控鈷氧化物和金助催化劑（CoO_x/Au），成功地構築了新型太陽能轉化成氫能的體系，表觀量子效率首次突破 10%，製氫效率顯著提高，見圖 6.7。

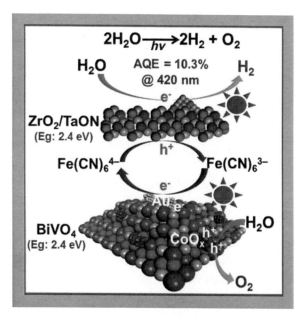

圖 6.7 BiVO$_4$-ZrO$_2$/TaON 光催化水分解製氫示意圖

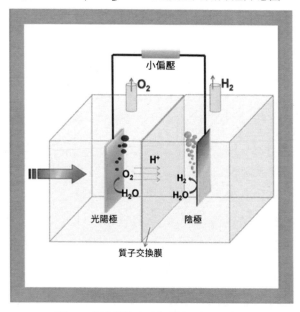

圖 6.8 光電催化水分解製氫原理示意圖

　　一般將顆粒狀奈米結構光催化劑分散在溶液中，進行光催化分解水製氫，形式簡單且成本較低。但是水的氧化和還原反應通常在同一個小顆粒表面，產生的活性氫在被釋放出來之前可能與附近的活性氧發生逆反應，這將大大降低體系的效率。更重要的是，氫氣和氧氣一起被釋放出來，有爆炸危險，必須及時分離。

　　為了解決這些問題，人們把光催化劑負載在導電基底上做成光電極，與一金屬電極組成電解池，就是所謂的光電催化分解水，見圖 6.8。光照下半導體產生的電子和空穴，在光生電壓的驅動下，電子向陰極表面運動參與水的還原反應，空穴則向陽極表面運動參與水的氧化反應。這樣，水的氧化和還原分別在陽極和陰極進行。在陰極和陽極之間嵌入隔膜，巧妙地實現了氫氣、氧氣在空間上的分離。

▶ 二氧化碳資源化利用

　　二氧化碳的排放是影響氣候變化的主要因素，利用清潔可再生的太陽能，將二氧化碳捕獲並轉化為可利用的液體燃料是解決二氧化碳問題的最佳方式之一。

1. 光催化或光電催化二氧化碳還原

　　光催化或光電催化二氧化碳還原，是利用吸光材料在光照下產生活潑的正電荷，將水氧化放出氧氣，並釋放出電子和質子，這些電子和質子可以用來將二氧化碳還原和固定，生產一氧化碳、甲烷或者甲醇等有用的化學品，實現由二氧化碳和水製備燃料的過程（圖 6.9）。

　　必須要強調的是，真正的可以將太陽能轉化為化學能的光催化二氧化碳還原過程，必須同時實現水的氧化反應和二氧化碳的還原反應。在

甲醇、三乙醇胺等比較容易被氧化的犧牲試劑存在的情況下，發生的二氧化碳還原反應並沒有儲存太陽能，也不是真正的人工光合成過程。

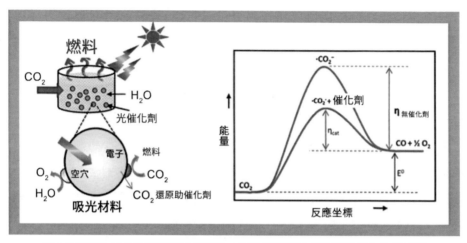

圖 6.9 光催化二氧化碳還原示意圖及二氧化碳還原助催化劑的催化作用原理

　　光催化還原二氧化碳需要符合兩個基本條件：①光子能量要能夠被光催化材料吸收並將其激發。②材料產生的電子的能量要足以將二氧化碳還原，正電荷的能量要足以將水氧化為氧氣。

　　相比光催化分解水製氫，二氧化碳還原反應更加複雜，更具挑戰性。因為二氧化碳分子是一個極為穩定的化合物，需要提供很高的能量才可以使 C＝O 化學鍵斷裂。並且，二氧化碳還原涉及多個電子和多個質子的轉移，以及 C＝O 鍵的斷裂和 C-H 鍵的形成等多個複雜過程。不同的反應路徑可能會導致幾種不同產物的生成，因此反應選擇性難以控制。另外，水溶液中二氧化碳的溶解度很低，也就是說反應物的濃度很低。由此可見，二氧化碳還原反應十分困難。

　　針對二氧化碳還原反應中的科學問題，目前各國科學研究工作者正在致力於二氧化碳還原助催化劑的開發。高效的助催化劑應具備良好的二

氧化碳吸附能力以及穩定中間產物的能力，能夠降低反應需要的能壘使原本很困難的反應可在溫和的條件下快速進行。大量研究發現，奈米結構的金屬催化劑可以有效提高二氧化碳還原反應的活性。Cu、Au、Ag、Pd 等貴金屬類催化劑，可以將二氧化碳高效還原為一氧化碳或甲烷，某些金屬有機錯合物催化劑則可以高選擇性產生甲酸。在光催化體系中，科學家們將這類貴金屬作為二氧化碳還原助催化劑負載到光催化劑材料上，用於光催化二氧化碳還原的研究。例如，在碳化矽吸光材料表面負載高分散的 Pt-Cu$_2$O 核殼結構 CO$_2$ 還原助催化劑，與 WO$_3$ 光催化水氧還原體系耦合可以實現光催化分解水放出氧氣和還原二氧化碳為甲酸。

　　一個研究團隊與某大學的研究小組合作，發展了一種固態 Z- 機制複合光催化劑，可在可見光下將 H$_2$O 和 CO$_2$ 高效轉化為甲烷（天然氣），實現了太陽能人工光合成燃料過程。

　　人工光合成太陽燃料的反應有若干個，其中，太陽能＋ CO$_2$ ＋ 2H$_2$O → CH$_4$ ＋ 2O$_2$ 為涉及 8 個電子的多步反應，是最具挑戰性的一個反應。迄今雖有大量文獻報導，但催化劑效能不盡如人意。近年來雖然不少文獻報導光催化產生 CH$_4$，但是這類反應大多是在有犧牲劑存在下獲得的結果，並沒有檢測到釋放氧氣或氧氣量遠低於化學計量比，這不是真正意義上的太陽能轉化為化學能的反應。因此，將水計量地氧化為氧氣（或過氧化氫）並同時將二氧化碳高效還原為甲烷的光催化過程才是真正意義上的太陽能到化學能的轉化。

　　針對這一難題，研究團隊與研究小組用奈米晶（3D-SiC）和二維奈米片（2D-MoS$_2$），透過靜電組裝技術構築出了一種萬壽菊型奈米花材料，其具有二型異質結和 Z-scheme 半導體構型 [8]。這種 3D-SiC@2D-MoS$_2$ 催化劑在可見光照射下可有效地將水和二氧

化碳轉化為甲烷，放出氧氣。詳細的產物分布分析和同位素示蹤等實驗和機理研究顯示，伴隨著 H_2O 的氧化，CO_2 在光催化劑上依照 $CO_2 \rightarrow HCOOH \rightarrow HCHO \rightarrow CH_3OH \rightarrow CH_4$ 的加氫途徑逐步被還原為甲烷。值得強調的是，在這個研究過程中檢測到化學計量比例的氧氣和甲烷（氧氣／甲烷摩爾比接近 2），用同位素實驗也確認了化學計量氧的生成，這對於學術界理解和進行人工光合成具有重要借鑑意義。這個工作為人工光合成太陽燃料提供了一條新的途徑。

目前光催化分解水和二氧化碳還原研究的重點是開發吸光材料和水分解、二氧化碳還原的催化劑，目的是提高太陽能利用率、提高轉化反應速率和提高產物的選擇性等。主要研究途徑有：

1. 透過在吸光材料表面擔載有效的助催化劑，提高光催化還原二氧化碳活性。
2. 開發複合半導體光催化材料，提高光生電荷的分離效率。
3. 透過材料的設計、引入新的製備方法開發和探索新型的光催化材料，控制材料的微結構和形貌，最終尋找出新型高效光催化材料。

太陽能光催化二氧化碳還原也可採用光電催化方法。光電催化二氧化碳還原是在光能和少量電能的共同驅動下，陽極和陰極表面分別發生水氧化和二氧化碳還原反應；並且，由於氧化還原反應在空間上是隔離的，所以可以抑制二氧化碳還原產物再次被氧化的逆反應。

2. 模擬自然光合作用，透過光反應和暗反應兩步轉化二氧化碳製甲醇

自然光合作用包括光反應和暗反應兩個過程，光反應利用太陽能提供還原力，暗反應利用還原力固定 CO_2 製生物質，透過光反應與暗反應的適配，將太陽能轉化為化學能並儲存在化學分子中；模擬自然光合作

用的光反應和暗反應，兩步轉化二氧化碳製甲醇的過程是光反應利用太陽能分解水製氫，暗反應利用光反應產生的氫氣和二氧化碳合成甲醇等燃料和化學品，淨反應結果是水和 CO_2 轉化為甲醇，放出氧氣，這與自然光合作用的反應結果是一致的。這裡甲醇是一個太陽燃料分子，如圖 6.13 所示。透過這種策略，人工光合成可大規模合成太陽燃料。

（1）人工光反應：透過利用太陽能等可再生能源分解水製氫。前面提到的光催化和光電催化分解水過程仍處在基礎研究階段，太陽能的轉化效率還有待提升。目前可大規模實施的方案是利用太陽能發電或者風電透過電解水的方式生產可再生的氫氣。太陽能發電技術已經市場化，而且日趨成熟，那麼最關鍵的問題就是發展高效的電催化劑提高電催化分解水的效率。研究團隊開發的新一代電解水催化劑，經過在額定工況條件下長時間的執行驗證，電解水製氫電流密度穩定在 $4000A/m^2$ 時，單位製氫能耗低於 $4.1kWh/m^3H_2$，能效值大於 86%；電流密度穩定在 $3000A/m^2$ 時，單位製氫能耗低於 $4.0kWh/m^3H_2$，能效值約 88%。這是目前已知的規模化電解水製氫的最高效率。

（2）人工暗反應：利用光反應所轉化的化學能 H_2 與 CO_2 催化反應合成甲醇。二氧化碳加氫過程中，提高甲醇的選擇性是 CO_2 加氫轉化最大的挑戰。例如傳統的用於合成氣製甲醇的 Cu 基催化劑應用於 CO_2 加氫製甲醇時，突出問題是甲醇選擇性低（只有 50% ～ 60%）。另外，反應生成的水會加速 Cu 基催化劑的失活，研究團隊發展了一種不同於傳統金屬催化劑的雙金屬固溶體氧化物催化劑 $ZnO-ZrO_2$，實現了 CO_2 高選擇性、高穩定性加氫合成甲醇，在 CO_2 單程轉化率超過 10% 時，甲醇選擇性仍保持在 90% 左右，是目前同類研究中綜合水準最好的結果。該催化劑連續執行 500h 無失活現象，具有較好的耐燒結穩定性和一定的抗硫能

力，表現出了良好的工業應用前景 [9]。傳統甲醇合成 Cu 基催化劑要求原料氣含硫低於 0.5ppm，而該催化劑的抗硫能力使原料氣淨化成本降低，在工業應用方面表現出潛在的優勢。

可以預計，在全世界科學研究工作者的共同努力下，奈米技術、仿生技術和合成生物學技術等一些新興科學技術的引入，利用光催化分解水製氫或二氧化碳還原製備太陽燃料，將最終實現新的突破，描繪出低碳經濟的美好未來，造福於人類。

$$2H_2O \xrightarrow{\text{光（電）催化劑}} 2H_2 + O_2 \quad \text{（光反應）}$$

$$3H_2 + CO_2 \xrightarrow{\text{催化劑}} CH_3OH + H_2O \quad \text{（暗反應）}$$

淨反應：

$$2H_2O + CO_2 \rightarrow CH_3OH + 3/2O_2 \quad \text{（人工光合）}$$

$$6H_2O + 6CO_2 \rightarrow C_6H_{12}O_6 + 6O_2 \quad \text{（自然光合）}$$

圖 6.13 模擬自然光合作用的光反應和暗反應兩步轉化二氧化碳原理圖

6.5
結束語 ....

道法自然，研究開發人工樹葉，不是簡單的模仿，而是將大自然不同方面的優點結合起來，發展適合我們人類的潔淨燃料光催化合成方式。在自然光合作用中，高效的光催化體系（光系統 II 和光系統 I）具

有光生電子和空穴向不同方向轉移，相對應的氧化和還原反應在不同的空間和時間尺度上進行的特點。學習和借鑑自然光合作用的部分原理，發展人工的太陽能光催化和光電催化體系，把太陽光、水和二氧化碳轉化成太陽燃料和氧氣。太陽燃料的生產主要透過兩個非常具有挑戰性的化學反應途徑來實現：①在太陽光的作用下，光催化劑將水分解，產生氧氣和氫氣。在未來潔淨「氫」能源體系中具有不可或缺的地位。②捕獲二氧化碳，利用太陽能產生的氫合成液體燃料。甲醇是非常重要的用於生產其他高附加值產品的原料，可以生產類似汽油、航空燃料等液體燃料，解決能源短缺問題，這一燃料合成過程不但轉化和儲存了潔淨的太陽能，還固定了大氣中二氧化碳溫室氣體，從而有效緩解地球氣候變暖。自然光合作用是大自然的傑作，道法自然，向大自然學習構築人工光合作用體系，也展現了人類的智慧和創造。

　　人工光合成太陽燃料技術的突破必將改變世界能源消費格局，引領人類進入低碳生態文明社會。在不遠的未來，「霧霾」將會從我們的生活中消失，我們可以自由自在地呼吸新鮮的空氣，也可以開著太陽燃料汽車，開開心心上班和旅行，孩子們更加可以隨時隨地在戶外玩耍嬉戲，盡情地享受太陽燃料帶給我們的綠色高品質生活，實現人類生態文明的理想。

07

礦化固碳：藉助自然法則與化學工程的力量

Mineral Carbonation to Sequester CO2: The Way of Nature and Chemical Engineering

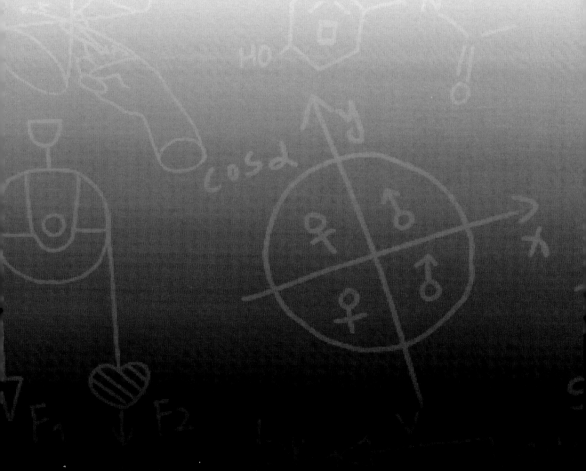

工業化以及人類日常活動中日益增加的二氧化碳排放讓南北極的寒冷日漸消散，這就是氣候變化。人類必須盡力遏制二氧化碳氣體排放的速度，同時還要把過量的二氧化碳封存起來。

其實，地球上有自行處理二氧化碳氣體的方式，環環相扣的連鎖反應可以將二氧化碳氣體轉化為礦石，沉入海底，回歸自然。

減少二氧化碳排放，已成為人類的共同使命。礦化固碳，是基於地球大氣演化過程中的「矽酸鹽－碳酸鹽」轉化，將二氧化碳轉化為碳酸鹽而固定並重新利用的途徑。為加速這一地球上古老化學反應的速度，滿足減少二氧化碳排放的迫切需求，化學和化學工程領域的科學家，基於化學鏈的原理建構了新的礦化工藝，透過化學工程的方法為二氧化碳礦化反應量身訂做高效反應器，並降低整個過程的能量消耗，加速自然界的碳循環，讓二氧化碳重返正途。

7.1
序：二氧化碳 ── 地球變暖的罪魁禍首 ┄┄┄┄┄┄┄┄

2017 年 4 月 18 日，位於夏威夷群島莫納克亞山頂峰上莫納羅亞天文臺（Mauna Loa Observatory），人類歷史上第一次測到大氣中的二氧化碳（CO_2）含量達到 410ppm（百萬分之一），CO_2 含量達到了 300 萬年來的巔峰。

僅僅 200 多年前，地球大氣中 CO_2 的含量只有 280ppm。西元 1776年，英國人詹姆斯·瓦特（James Watt）製造出第一臺具有實用價值的蒸汽機，工業革命伊始，人類開啟了利用能源的新時代。化石能源被大量開採和使用，為現代工業提供了強大的動力，推動人類文明進入一個前所未

有的快速發展期。然而，化石能源的大量使用和現代工業的快速發展，也付出了新的代價。這些以碳氫為主的化合物在加工和使用過程中，排放出大量的 CO_2。2019 年，全球排放 CO_2 約達 368 億 t，相當於每人每天排放 15 kg CO_2（折合約 $7.5m^3$）。工業排放的 CO_2 使地球大氣中 CO_2 的含量持續升高，特別是近 50 年來，二氧化碳含量加速上升；按目前的增速估算，到 2030 年，大氣中二氧化碳的含量將上升到 600ppm 以上。

　　二氧化碳的含量對地球的生態環境有著重要的影響。CO_2 是主要的溫室氣體之一，如同溫室的玻璃一樣，它允許來自太陽的可見光到達地面，但阻止地面重新輻射出來的紅外線返回外太空。如果大氣中溫室氣體增多，便會有過多的熱保留在大氣中而不能正常地向外太空輻射，從而使地面和大氣的平均溫度升高。聯合國政府間氣候變化專門委員會（Intergovernmental Panel on Climate Change，IPCC）第五次評估報告（2014 年）指出，從西元 1880 年到 2012 年，地表的平均溫度已經上升了 0.85℃。不要小看這不到 1℃的溫升，它已經對地球環境和生態帶來嚴重影響 —— 冰川融化，全球海平面上升了 19cm；全球陸地降雨量增加了 1%；冰川融化將會使更多的 CO_2 從兩極附近的冰層和永久凍土中釋放到空氣中，產生連鎖效應，帶來全球性的災難。

　　科學家預測，如果 CO_2 的排放量按照目前速度不斷增加，人類將在 21 世紀末迎來 3.2 ～ 5.4℃的溫度升高水平，這將會給我們生存的這個星球帶來劇烈而不可逆轉的變化 —— 冰蓋融化、物種滅絕、城市淹沒……IPCC 第五次評估報告提出，為避免全球變暖進一步造成的惡果，要將 21 世紀末的溫升控制在 2℃以內。2015 年 12 月，在巴黎氣候變化大會最後一次全會上，里程碑式的《巴黎協定》誕生，要把全球平均氣溫較工業化前水平升高的幅度控制在 2℃以內，這成為各國共同的目標。

根據計算，如果人類想要避免溫度上升超過 2℃，大氣中的 CO_2 排放量需要控制在 3.2 兆 t 以內。進入工業化時代以來，人類已經向大氣排放了大約 2 兆 t CO_2，留給我們的額度只剩下 1.2 兆 t。按照目前的增長速度，人類會在 20～30 年內用光這個額度。二氧化碳的排放必須緊急剎車，2050 年 CO_2 的排放量較 2010 年要下降 41%～72%，2100 年時要進一步下降 78% 以上。

達到這個目標困難重重，但是，為拯救和保護我們賴以生存的這顆星球，人類正在朝著這個目標艱難前行。一方面，人們正在利用各種途徑減少碳基能源的使用、提高碳基能源的使用效率；另一方面，人們正在努力將排放的 CO_2 重新收集和固定起來。

7.2
深埋二氧化碳：裝進牢籠或許不是最終的歸宿 ⋯⋯⋯⋯

面對快速增長的 CO_2 排放，人們急切地尋找減少 CO_2 排放的途徑。科學家首先在化肥和天然氣淨化工業中得到啟發。早在 100 多年前，合成氨工業中就開始使用氨氣（NH_3）來吸收在製造氫氣過程中產生的 CO_2。1970 年代 BASF 公司以甲基二乙醇胺（MDEA）水溶液取代氨水，開發出 MDEA 吸收 CO_2 的新工藝，此後被全球近百個大型合成氨廠和天然氣淨化工廠採用。科學家和工程師們希望利用並改進這一工藝，將工業排放氣體中的 CO_2 吸收並純化。

然而這些捕集的 CO_2 又如何處置呢？要知道，為給這些使氣候變暖的「罪犯」找到一個安全和永久的「監獄」，並不是一件容易的事情。二氧化碳在常溫常壓下是氣體，儲藏占用的空間非常大。一個典型的燃煤

發電廠，100 兆瓦（MW）機組一年的 CO_2 排放量大約 100 萬 t，常溫常壓下這些 CO_2 的體積大約是 5 億 m^3。顯然以常溫常壓的氣態來儲藏這些 CO_2 是不可能的。大氣中增多的 CO_2 主要來源於人們從地下開採的各種化石能源和資源。於是，科學家首先想到的是：把這些收集起來的 CO_2 重新埋回地下。早在 1970 年代，石油天然氣工業中就開始了把 CO_2 注入到地下的探索。1972 年美國 Terrell 天然氣加工廠就開始將天然氣淨化過程吸收的 CO_2 注入地下油井中並驅動採油（被稱為強化採油，enhanced oil recovery，EOR）。但是，為驅動採油而封存在地下油井中的 CO_2 只是捕集到的 CO_2 的一小部分，而大部分還必須找到更廣闊的儲存空間。煤層和地殼深部的鹹水層，都成為埋藏 CO_2 的潛在空間。為減少體積，這些 CO_2 通常需要被壓縮至 8MPa 以上，以超臨界流體的狀態儲存在這些地下空間中，這個過程被稱為 CO_2 的捕集和封存（carbon capture and storage，CCS）。

> **醇胺法吸收和純化二氧化碳**：醇胺溶液呈鹼性，可選擇性吸收氣體中的 CO_2 並與之反應生產氨基甲酸鹽等結合物；吸收了 CO_2 的醇胺溶液透過加熱可以重新分解為 CO_2 和醇胺溶液，並在蒸餾塔中實現分解的 CO_2 和醇胺溶液的分離，得到純度非常高的 CO_2 氣體。

位於美國德州休士頓附近的 W.A. Parish 電廠裡，世界上最大的碳捕集與封存項目正在執行。發電廠排放氣中的 CO_2 被吸收和捕集，然後壓縮並運輸到 120 多公里外廢棄的油井中封存，其中的部分被用來驅動採油。該項目每年可封存 140 萬 t 的 CO_2，相當於這個電廠排放 CO_2 的 90%。

二氧化碳捕集與封存技術，作為人類工業固碳的初步嘗試，為人們帶來了啟發和希望。全球目前建成與在建的碳捕集封存項目（不包括燃

燒前）達 50 多個，每年可封存約 5,700 萬 t CO_2。然而，這個看似合理的技術路線，實際面臨著極大挑戰。地下鹹水層被認為是最具潛力的封存空間，但由於 CO_2 的封存對儲層封閉性等地質條件有著苛刻的要求，真正能夠實現工業化封存的空間實際非常有限。更重要的是，大量 CO_2 注入鹹水層後，部分溶解於地下鹹水中，當遇到地下鹹水中的礦物成分或構成岩石骨架的礦石顆粒時，將與其發生化學反應，生產碳酸鹽，從而改變地殼的結構和組成。當這種改變大面積的發生時，地殼內應力就會產生顯著變化，這將引發不可預料的地質災害。

7.3
光合作用：如何比植物更高效的轉化二氧化碳 ⋯⋯⋯⋯

地球上碳循環的一個重要的途徑就是大家熟悉的光合作用。我們通常所講的光合作用，指的是生氧光合作用（oxygenic photosynthesis）—— 光養生物以光作為能量來源、利用 CO_2 和水合成碳氫化合物並釋放氧氣。

地球上生氧光合作用大約出現在 24 億年前，但在此之前的 10 億年，光合細菌就開始了利用光能將 CO_2 同化為有機物的過程，只不過這個過程不釋放氧氣，被稱為「厭氧光合作用」。光合作用不僅是生命得以累積的化學基礎，也是生命改造地球的重要方式。光合作用使大氣中 CO_2 含量降低，氧氣含量增加，在地球大氣的演進中發揮重要作用。

人們自然而然地想到利用光合作用來減少 CO_2。根據理論測算，林木每生長 $1m^3$ 蓄積量，大約可吸收 1.8t CO_2，一畝成年樹林一年淨吸收約 24t CO_2。然而實際上森林並不具有如此的固碳能力，如果考慮林木的

種植、採伐、退化和腐化等，其結果可能是會淨釋放 CO_2。2017 年美國波士頓大學的研究組利用 12 年（2003 ～ 2014 年）的 MODIS 衛星資料，來量化熱帶木本活植物地上碳密度的年度淨變化，結果發現全球熱帶森林每年淨排放 4,252 億 kg 的碳，相當於全球每年化石燃料排放的 5% 左右，這一研究成果發表在 2017 年的《Science》上。

▶ 利用藻細胞和光反應器固定轉化二氧化碳 [7]

　　和植樹造林相比，利用藻類的光合作用固定和轉化 CO_2 可能更加可行。藻類是地球上最早進行生氧光合作用的生物，也是地球上光合效率最高的生物。科學家想透過工業化的方式養殖藻類，吸收 CO_2 並將其轉化為生物燃料。在某處廣袤的土地上，一項利用藻類固定 CO_2 並生產生物柴油的示範工程正在進行。為了提高微藻的養殖和固碳效率，研究者利用化學工程的原理，開發了「光反應器」，為微藻的生長和光合作用提供最佳的環境。他們根據藻細胞所需要的光照條件和流體力學條件，設計和最佳化反應器的結構，開發出能使 CO_2 更加快速和均勻地溶解於藻液中的氣體分布系統。在這些精細設計的光反應器中生長的藻類，有良好的光照環境和更充足的 CO_2 供給，這使得他們具有更加出色的固定 CO_2 的能力。例如，在管道式反應器中培養藻類，單位土地面積上固定的 CO_2 量可達到自然界的數十倍。利用化學工程的方法，研究者們進一步開發出微藻分離、油脂提取和轉化等一系列單元，這些單元透過管道連線起來，成為一個微藻固定轉化 CO_2 的綠色工廠。來自煤電廠和化工廠等排放的 CO_2 從一端進入這個工廠，而在另一端，生物燃料源源不斷地流出，這些生物燃料經過進一步的精製後將作為航空燃料，供大型民航客機使用。

光合作用及其效率：光合作用通常指生氧光合作用，光養生物以光作為能量來源、以二氧化碳和水合成碳氫化合物、並釋放氧氣。其具體包含光解（photolysis）和固碳兩個過程。光解過程中，生物體內的葉綠素和其他型別的色素，利用光分解水獲得氫並釋放出氧氣，將光能轉化為化學能；在固碳過程中，氫與二氧化碳透過一系列的酶催化反應合成碳水化合物。光合作用的理論最高能量利用率為 20%，但實際受到光照強度、溫度、水分等環境條件的影響，大部分綠色植物的光合效率不超過 1%。在生物反應器條件下的微藻，光合效率通常可達 3% 以上，最高可達 8%。所以從光能的利用率角度來看，微藻具有更好的光合固碳效率。

▶ 人工光合作用

科學家還有更大膽的設想 —— 人工建構更高效的光合作用系統，這被稱為「人工光合作用」。在美國加州大學柏克萊分校（University of California，Berkeley），一位科學家正在帶領他的團隊，建立一種高效的生物－無機雜化的光合作用系統 —— 奈米線／細菌混合物（圖 7.4）。他們在不具備光合作用的細菌（moorella thermoacetica）表面製備人工的光能捕獲系統，將光能傳遞給細菌，然後將 CO_2 選擇性地轉化成醋酸。團隊這個人工光能捕獲系統，太陽能－化學能轉化率可達 3% 以上。醋酸類產物可以作為這種細菌的養料，供給細菌生長，從而實現了細菌透過光合作用的自養生長 [9]。

7.4
礦化二氧化碳：古老地球的化學反應發揮新作用 ········

科學家相信，在地球的自然法則中蘊涵著豐富的智慧和原理，他們希望從地球上 CO_2 的循環轉化過程中，找到更加安全和經濟的固定 CO_2 的方法。

在地球進化的漫長地質年代裡，大氣中的 CO_2 曾發生顯著變化。大約 45 億年前，地球開始形成，剛形成的地球處於高溫岩熔狀態；大約 40 億年前，隨著地表的溫度降低，大氣中的水氣逐漸凝結並沉降到地面，形成了最初的海洋。那時，地球內部構造運動非常活躍，火山頻繁噴發，大量的 CO_2 被排放到大氣中。儘管水蒸氣隨地表溫度的降低逐漸減少，但大量 CO_2 仍留在大氣中。在距今 33 億年左右，地球大氣中的 CO_2 達到了 30% 以上的峰值。此後開始不斷下降，逐漸達到現在大氣中 CO_2 的水平[10-11]（圖 7.5）。

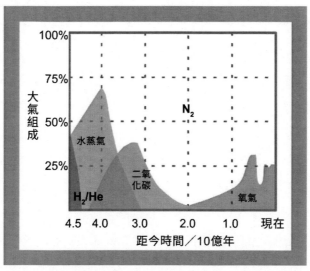

圖 7.5 地球大氣演進過程中組成以及 CO_2 含量的變化

▶ 二氧化碳礦物化 —— 地球上古老的化學反應

早期地球上大量的 CO_2 如何消失的呢？一個古老的化學反應發揮了重要作用：

$$CaSiO_3+CO_2 \rightarrow CaCO_3+SiO_2 \quad （7-1）$$

在 CO_2 含量高的早期地球，地表溫度高，降水豐富，裸露在地表的矽酸鈣岩在火山風的作用下大量風化。風化的矽酸鈣與大氣中的 CO_2 接觸，在水的幫助下發生化學反應，生成碳酸鈣，並隨著雨水流進了海洋，形成了海底的沉積岩層。這個過程被稱為二氧化碳礦物化，也被稱為「矽酸鹽－碳酸鹽循環」[10-11]。

那麼，大自然為何選擇礦化的途徑固定大氣中的 CO_2 呢？首先，碳酸鹽是碳在地球上最穩定的化學形式，或者說是能量最低的形式。物質處於不同的化學環境，其蘊含的能量就不同，而碳酸鹽就處在由碳元素組成的各種化學物質的能量階梯的最低端（圖 7.8）。就像水會從自發地從高處向低處流動一樣，處於高能量態的物質會自發地向低能量態轉變，因此 CO_2 會自發地向碳酸鹽轉化。與此同時，另一產物 SiO_2 也是自然界最穩定的物質之一。其次，地球主要是由矽酸鹽組成（除了揮發元素外），地球上有足夠的矽酸鹽固定大氣中的 CO_2。

即使現在的地球，在人類目前可利用的範圍內（地下 15km 深），矽酸鹽的儲量理論上可以礦化封存至少 4 兆 t CO_2。此外，全球每年生產水泥等建材，相當於人造矽酸鹽 30 億 t/a，可封存 11 億 t CO_2。

地表上，矽酸鈣與 CO_2 的反應一直延續至今。風化的作用仍在不停地發生，在這些被風侵蝕的塵埃中，矽酸鹽成分與 CO_2 的反應仍在持續。只不過，隨著 CO_2 含量和大氣溫度的降低，反應的速率變得更加緩慢，時間

尺度達到百萬年，幾乎不被我們察覺。現在科學研究顯示，矽酸鈣和碳酸鈣的相互轉化反應，是使得大自然中 CO_2 的含量穩定、進而穩定氣候的主要調節機制。該機制使得地球氣候不至於太熱，也不至於太冷。

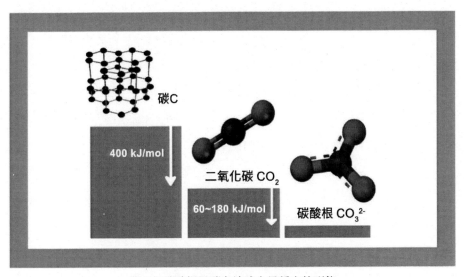

圖 7.8 碳酸根是碳在地球上最穩定的形態

▶ 在化學反應器中加速自然礦化過程

與自然界緩慢的礦化反應相比，人類的工業生產活動以更快的速率釋放 CO_2，自然界的碳平衡正在面臨考驗。既然工業生產讓 CO_2 的釋放速率大幅增加，那我們能否利用工業裝備，讓矽酸鹽與 CO_2 的反應速率也相應提高，這樣「矽酸鹽－碳酸鹽」的平衡將被更好地維持？

1990 年，瑞士的科學家首選提出了利用 CO_2 和矽酸鹽的反應固定 CO_2 的概念 [12]，自此，化學和化學工程的科學家開始了他們不懈的努力 [13-14]。

最大的挑戰來自於矽酸鹽極高的穩定性。作為地球最主要的組成部分，矽酸鹽礦石的性質非常穩定。實際上，CO_2 也是性質相當穩定的氣體。兩種

非常穩定的物質遇到一起，其化學反應速率當然會非常的緩慢。一個可能的提高反應速率的途徑是提高反應溫度和反應壓力。當溫度提高到 185°C，壓力提高到 12MPa（120 個大氣壓）時，矽酸鈣和 CO_2 的反應可在 1h 內獲得 80% 以上的轉化率。然而高溫和高壓將帶來龐大的能量消耗，同時需要造價高昂的高壓容器作為反應裝置。這無論從能耗還是經濟性上都是不允許的。此外，1h 內 80% 的轉化率仍然不能滿足大規模轉化封存 CO_2 的要求。

矽酸鹽（以矽酸鈣為例）和 CO_2 的反應是在水中完成的，反應方程如式（7-1）。反應的歷程大致是這樣的：CO_2 先溶解於水中生成碳酸，碳酸在水中解離出氫離子（H^+）和碳酸根離子（CO_3^{2-}），使溶液產生酸性；矽酸鈣緩慢地溶解於碳酸溶液中，解離出鈣離子（Ca^{2+}）和矽酸根（SiO_3^{2-}）離子，Ca^{2+} 和 CO_3^{2-} 結合產生 $CaCO_3$，$CaCO_3$ 在溶液中溶解度極小，因而從溶液中沉澱出來；而 SiO_3^{2-} 和 H^+ 結合生成矽酸（H_2SiO_3），矽酸不穩定，進一步分解為水（H_2O）和二氧化矽（SiO_2）。這個反應歷程，實際上就是「複分解反應」。由於碳酸的酸性略強於矽酸，所以反應能夠進行。但是碳酸的酸性較弱，而 $CaSiO_3$ 的離子鍵能很高，因此矽酸鈣在碳酸溶液中的溶解非常緩慢，導致總反應的速率非常低。

利用高中的化學知識，我們就可以推斷，採用強酸可以加速矽酸鈣的溶解。因此可以利用強酸來加速反應。然而，強酸的使用又帶來兩個新問題：第一，過程如果消耗大量的強酸，就會帶來鉅額的物耗並可能產生大量的廢水；第二，更重要的是，在強酸環境中，CO_2 無法溶解在水中，那麼就無法實現碳酸根和矽酸根之間的複分解反應。對於 CO_2 溶解而言，更有利的實際是鹼性的環境。

如何解決這個矛盾？科學家巧妙地建構了化學循環（chemical looping）。如圖 7.9 所示，他們引入一種鹽（用 AB 表示）作為循環介質，鹽

AB 可以透過加熱或者其他方式，反應分解為鹼 AOH 和酸 HB，當然這裡的酸 HB 是強酸（比如鹽酸 HCl）。然後用強酸 HB 加速溶解 $CaSiO_3$，消耗完 H^+，得到的溶液中含有 Ca^{2+} 和 B^-，而不溶解的 SiO_2 則從溶液中沉澱析出；在另一個化學反應器中，用分解得到的鹼 AOH 溶解排放氣體中的 CO_2，得到的溶液中含有 A^+ 和 CO_3^{2-} 離子。二氧化碳在鹼溶液中的溶解速率和溶解度都會大幅提升。溶解了 $CaSiO_3$ 的溶液與溶解了 CO_2 的溶液混合後，發生複分解反應，生成 $CaCO_3$ 和鹽 AB，$CaCO_3$ 從溶液中沉澱析出，溶液中就只剩下鹽 AB。這樣鹽 AB 完成了一個化學循環。接下來鹽 AB 將被重新分解為酸和鹼，從而推動這個循環不斷進行下去。

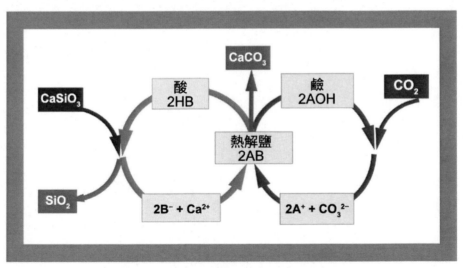

圖 7.9 利用化學循環來加速 CO_2 的礦化反應

如上所述，透過化學鏈，就可以在不消耗任何酸鹼原料的情況下，將反應時間縮小到數分鐘；而且整個過程都在常壓下進行。鹽 AB 是使整個循環得以進行的介質，它在相當程度上決定過程的能耗、速率和經濟性。雖然有大量的鹽可以實現上面這個循環過程，但科學家需要找到它們中的

佼佼者：容易分解得到酸 HB 和鹼 AOH（比如在較低的溫度下透過熱分解反應就能分解），酸 HB 有強酸性，溶解 $CaSiO_3$ 的速率快，而且 B- 和 Ca^{2+} 不會結合成沉澱（也就是說 CaB_2 是可溶解於水的）。1995 年，在礦化固定 CO_2 的思路提出 5 年後，美國洛斯阿拉莫斯（Los Alamos）國家實驗室的科學家提出了採用 $MgCl_2$ 作為循環介質的方案[15]，並證實了該循環方案是節約能量的。這個循環方案的化學反應如式（7-2）～式（7-5）：

$$MgCl_2 \cdot 6H_2O \rightarrow Mg(OH)Cl + HCl + 5H_2O \qquad (7-2)$$

$$2Mg(OH)Cl \rightarrow Mg(OH)_2 + MgCl_2 \qquad (7-3)$$

$$CaSiO_3 + 2HCl \rightarrow CaCl_2 + SiO_2 + H_2O \qquad (7-4)$$

$$Mg(OH)_2 + CO_2 + CaCl_2 \rightarrow CaCO_3 + MgCl_2 + H_2O \qquad (7-5)$$

化學鏈（chemical looping）：化學鏈（也稱為化學循環）是指將某一特定的化學反應，透過引入一種化學介質，分多步反應完成，以達到實現不同產物的分離和提高反應速率等目的。在這些多步反應中，上一步反應的產物通常作為下一步反應的原料，而最後一個反應的產物又是第 1 個反應的原料，這樣就形成了一個閉環的過程。通常，所引入的化學介質在整個循環過程中經歷反應和再生兩個過程，而不會被消耗。例如對於化學反應 A ＋ B → C ＋ D，引入化學介質 X，總反應過程分為三步進行：A ＋ X → E；E ＋ B → D ＋ F；F → C ＋ X；這樣就形成了一個化學鏈，如右圖所示。

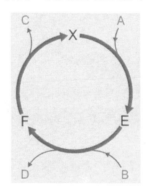

氣升式反應器（Airlift reactor）： 在如右圖所示的筒式反應器中，加入一個與外筒共軸的內筒（稱作導流筒）；反應器內裝入液體，使其液面高於導流筒。此時在導流筒的下部通入氣體後，由於導流筒內部存在較多的氣泡，使得導流筒內外相同液位的液體產生了靜壓差，在靜壓差和進入氣體的動量作用下，液體攜帶氣泡在反應器內形成了環繞導流筒的循環流動，從而實現良好的氣、液、固混合。

　　類似的，還可以將兩個筒式反應器上下相連線，在其中一個反應器中通入氣體，就會形成兩個反應器間的環流，這也是一種氣升式環流的方式。

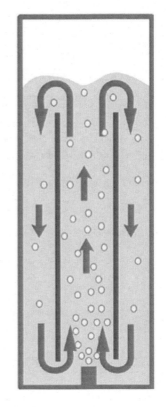

　　此後，科學家還尋找到了其他的循環介質，建立了不同的化學循環，來加速 CO_2 的礦化反應，他們的原理都是相同的。

　　建立了化學循環，我們就找到了實現快速礦化的化學路線。但這只解決了問題的一半。要使這些化學反應變成真正能夠將 CO_2 變成碳酸鈣的工廠，還要針對這些反應，量身訂做高效的化學反應器，為化學反應提供有利的環境。

　　在某大學化學工程系，研究者們在氣升式環流反應器的基礎上，為礦化反應開發了一種新型的反應器，不僅實現了 CO_2 的快速吸收礦化，而且同步實現了將反應生成的碳酸鈣的快速分離。更奇妙的是，所得到的碳酸鈣顆粒

是微米級的輕質碳酸鈣。要知道，同樣是碳酸鈣，顆粒大小和性質不同，它們的用途和價值有很大的差異。微米級的輕質碳酸鈣，是價值不菲的精細化學品，是造紙、油漆、橡膠、高強度混凝土中不可缺少的新增劑。

氣升式環流反應器巧妙地利用鼓入反應器內的氣體，形成快速的環流運動，使得氣體與液體、固體與液體之間以極快的速率和極高的頻率接觸和混合，這樣參與反應的 CO_2 和另一鹼性物質原料均可快速溶解到水中，使得礦化反應能夠快速完成。而生成的 $CaCO_3$ 在反應器內的停留時間也得到了嚴格控制，從而得到大小均一的微米碳酸鈣顆粒。氣升式環流反應器為反應和分離提供有利的流體力學條件，同時實現了快速吸收、深度反應和產品粒度可控。工廠排放的廢氣（已經過脫除氮、硫氧化物和粉塵等汙染物的處理）直接進入礦化反應器，經過不到 2min 的時間，其中 90% 的 CO_2 就可以被吸收和礦化，轉化為輕質碳酸鈣。

▶ 礦化固碳的綠色工廠

化學和化學工程領域的科學家透過不懈的努力，已經實現 CO_2 的快速吸收礦化。透過 CO_2 礦化得到碳酸鈣，不僅解決了 CO_2 減排的問題，也得到了有價值的工業產品，同時也有助於解決石灰石開採帶來的嚴重的環境和生態問題。目前，工業和建材上使用的碳酸鈣主要來源於石灰石礦。石灰石的開採影響地形地貌、破壞生態景觀、造成粉塵、噪音以及地震波等。利用自然界的「矽酸鹽—碳酸鹽」轉化，科學家讓 CO_2 重新發揮作用。

然而，做到這裡科學家還不能滿意，因為採用化學循環的方法，在加速反應的同時，也增加了能量的消耗。如果這些能耗是源於碳基能源，那就意味著整個捕集利用 CO_2 的過程又釋放了新的 CO_2，儘管釋放出的 CO_2 比捕集轉化的 CO_2 少，但這也說明 CO_2 的淨捕集率下降了。

　　二氧化碳的淨捕集率反映了一個碳捕集過程真正所具有的 CO_2 減排能力，它是評價一個碳捕集過程最重要的指標之一。為了提高 CO_2 淨捕集率，一方面要減少捕集處理過程自身的能量消耗；另一方面可以採用可再生能源／太陽能代替碳基能源。

　　在利用化學循環實現礦化的工藝過程中，有些反應是放熱的，有些反應則需要供熱。比如上面提到的鹽 AB 的熱分解反應就需要提供熱量，而 CO_2 的礦化反應，以及 $CaSiO_3$ 和 HCl 的反應都是放熱反應。將反應釋放的熱量重新利用，並提供給吸熱反應或者其他過程，就可以降低能量的消耗，這即所謂的熱量綜合利用。當然，實際的過程還要考慮放熱源和吸熱源的溫度、熱量，透過大量的計算進行系統最佳化。此外，在整個過程中所需要的一些高溫熱量無法簡單從過程的其他放熱單元獲得（因為這些放熱單元的溫度都低），這個時候我們還可以利用可再生能源／太陽能。例如，一種高溫太陽能光熱技術，可將換熱工質加熱到400℃，這樣的高溫熱源，就可以完全滿足 CO_2 礦化過程的需求。透過這些途徑，科學家已經可以將礦化過程的 CO_2 淨捕集率提高到80% 以上，而且這個數字還在進一步的提高。

> **二氧化碳淨捕集率：**在二氧化碳捕集和重新利用過程中，不可避免地要使用能量和其他材料（如反應原料和反應裝置），在獲得和使用這些能源和材料時將產生二氧化碳。一個過程的二氧化碳淨捕集率是指最終減少的二氧化碳與過程捕集的二氧化碳之比，即：
>
> 　　CO_2 的淨捕集率＝〔（過程捕集的 CO_2 －過程釋放的 CO_2）／過程捕集的 CO_2〕×100%

　　礦化固碳的工業實踐已經起步。美國 Calera 公司以 NaOH 和 $CaCl_2$ 為原料礦化 CO_2，生成 $CaCO_3$。基於此路線，2012 年該公司在美國加州

Moss Landing 電廠建成了 CO_2 工業示範裝置（每年礦化 700t CO_2）。美國 Skyonic 公司（該公司已於 2016 年被 Carbonfree Chemicals 公司收購）將電解 NaCl 製 NaOH 的工藝整合到礦化工藝中，將 CO_2 礦化為 $NaHCO_3$ 和 Na_2CO_3，該公司 2015 年在美國得州一家水泥廠建立工業化示範裝置（每年礦化 75000t CO_2），這是目前全球最大的礦化執行裝置。

　　化學工程科學家對礦化固碳過程有著更美好的願景：他們希望利用廢棄建築材料和工業廢物中的矽酸鹽，透過建立綠色化學工廠，在最大化捕集 CO_2 同時，減少石灰石開採，實現碳循環和資源循環一體化，讓 CO_2 重歸正途（圖 7.10）。

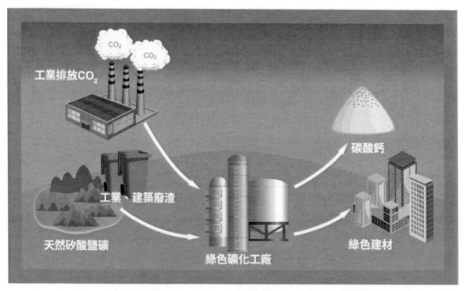

圖 7.10 利用礦化固碳實現碳循環和資源循環一體化

7.5
結語：化學與化學工程讓二氧化碳重歸正途 ‧‧‧‧‧‧‧‧‧‧‧‧‧

今天，化學和化學工程不僅為人類提供了大量的能源和物質，支持現代文明快速發展，同時也在幫助人類解決所面臨的更多和更嚴峻的環境和生態問題。生態平衡歸根到底是物質平衡與能量平衡。化學和化學工程，利用其轉化物質和能量的強大力量，將幫助人類重建失去的平衡。

源於自然，超越自然。基於化學和化學工程，人們正在加速自然界的碳循環，讓二氧化碳重返正途。無須把二氧化碳關進牢籠，讓它為地球的生命和人類的文明，發揮其應有的作用吧。

08

手性之謎：從藥物分子到生命和宇宙

Mystery of Chirality: Not Only the Drug Molecules
But Also the Life and Universe

　手性之謎：從藥物分子到生命和宇宙
Mystery of Chirality: Not Only the Drug Molecules But Also the Life and Universe

　　左手與右手相似而不相同，映象而不重合，彼此呼應著，卻又永遠平行。在自然界中這樣彼此映象的結構存在於星雲、動物、植物，甚至存在於微觀世界之中。

　　左手與右手彼此隔鏡相望，它們相似的外形下，卻有著完全不同的靈魂內心和本領。

　　本文以手性為線索，介紹了手性起源、手性概念、手性化合物的製備和手性分子的發展的未來趨勢，圖文並茂地展示了手性世界的奧祕，深入淺出地向讀者講述了一個神奇的手性世界的故事，解釋了手性分子研究領域之所以充滿活力生機勃勃的緣由。手性不僅和人類生命生活的各個方面息息相關，而且存在著很大的潛在研究發展空間。透過揭示手性謎團，為學子們揭開了一個更為廣闊更加美麗的化學化工世界，我們相信這會進一步激發他們學習探究的興趣。

8.1
前言

　　1960 年代，一種名為「反應停」的藥物曾掀起一場軒然大波。

　　反應停（Thalidomide，沙利度胺），1953 年由瑞士 CIBA 公司首次合成用於治療癲癇病，另一家德國格蘭泰公司發現「反應停」具有鎮靜作用，可減輕孕婦的噁心、嘔吐症狀，並且「不良反應少」。於是該藥物在 1950 年代作為孕婦用藥在歐洲風靡一時。但 1960 年後，歐洲醫生發現畸形嬰兒的出生率明顯上升，人們懷疑這些畸形胎兒可能與孕婦服用「反應停」相關。後來的研究發現，「反應停」是一種手性藥物（圖 8.1），裡面暗藏著一對結構成映象對稱的「孿生兄弟」。這對「孿生兄

弟」擁有完全相反的「兩副面孔」，右旋體「哥哥」具有很好的鎮靜作用，而左旋體「弟弟」卻具有強烈的致畸作用。孕婦吃下去的實際是左、右旋體的混合物，這才釀成了產下四肢短小如海豹的「海豹寶寶」的慘劇（圖 8.1）。到這一藥物下架時，它已導致 15,000 名畸形胎兒出生，這是藥物發現史上的重大悲劇，也是藥物製備史上的重要轉捩點。

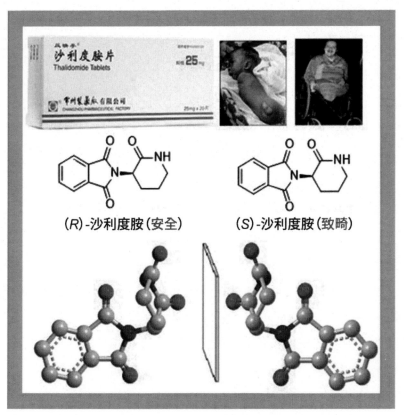

圖 8.1 反應停的手性異構體 [1]

「反應停事件」促使越來越多的科學家將目光投向了手性分子這類神祕的物質。如何才能避免「海豹寶寶」的慘劇再次上演？手性分子究竟有哪些不為人知的祕密？讓我們一起揭開手性之謎。

8.2
發現手性 ···

發現手性這一現象並非始於「反應停」，而是起源於對偏振光的認識。

西元 1808 年，法國科學家馬呂斯（E. L. Malus）在觀察晶體時，發現了光的偏振現象，即光的振動方向垂直於光的傳播方向，而振動方向垂直於光傳播方向的某一固定方向的光稱之為偏振光。

西元 1811 年，法國科學家阿拉果（D. F. J. Arago）發現，當偏振光通過水晶的晶體時，偏振光的振動方向發生了旋轉，這種現象被稱為旋光現象。但是如果將水晶加熱熔融破壞其晶體結構後形成的石英，其旋光性即消失。所以最初認為這種旋光現象乃是晶體結構的光學特性之一。

西元 1815 年法國科學家必歐（J. B. Biot）觀察到糖、樟腦和酒石酸等有機物不但其晶體具有旋光特性，如果將它們加熱熔融，或者溶解在溶液中，它們也會表現出與水晶類似的旋光性。水晶的旋光性與晶體結構有關，而有機物無論是在晶體狀態或是非晶體狀態均表現出旋光性。顯然，有機物的旋光性並非來自晶體的結構特性。由此，必歐推斷「有機物的旋光性應該來自於有機物分子自身的結構特性」。

西元 1848 年，法國巴黎師範大學的年輕科學家巴斯德（L. Pasteur）在研究葡萄酒釀造過程中產生的酒石酸的晶體時，發現在酒石酸鹽晶體中有的晶面向左，有的晶面向右。他用鑷子將兩種晶體分開，發現這兩種不同晶體的溶液，一個具有左旋光，另一個具有右旋光，而等量的混合物則無旋光。他發現物質的旋光性與分子內部結構有關，提出了對映

異構體的概念。他認為這兩種酒石酸鹽晶體，就像手一樣對稱而不能相互重疊，從而引入了手性及手性分子的概念。

　　雖然巴斯德最早分離出了一對酒石酸鹽的手性異構體，但當時有機分子結構的理論尚未形成，只能知道分子由原子組成，並不知道其中原子的排列方式，連具有相同分子式但化學性質完全不同的同分異構現象都無法解釋，他自然也無法解釋化學性質相同的手性化合物的旋光現象 [002]。

　　人們對有機分子結構的認識，始於西元 1857 年德國化學家凱庫勒（F. A. Kekulé）提出的碳四價假說。該假說認為，每一個碳原子可形成四個化學鍵，碳與碳之間可形成碳鏈，而碳鏈排列方式不同，便形成不同的化合物。在這一理論指導下，成功解釋了有機化合物的同分異構現象，凱庫勒也因成功解釋了苯的環狀結構而聞名於世。依據此理論，有機化合物 CH_2R_2 應該有兩種不同的平面結構異構體，即碳原子周圍的兩個氫處於平面正方形四個頂點上相鄰位置和相對位置。當時科學家試圖尋找到這樣的一對化合物異構體時均無功而返，因為它們是不存在的。

　　直到西元 1874 年，荷蘭化學家凡特荷夫（J. H. Van't Hoff）提出碳的四面體構型學說，認為有機分子的結構是立體的，碳原子周圍的四個基團應該處於正四面體的四個頂點位置，而非平面正方形的四個頂點。該理論不但成功解釋了為什麼 CH_2R_2 沒有兩種異構體，同時當碳原子周圍四個基團均不相同時，其空間排布存在兩種結構，這兩種結構互為映象不能重疊，從而成功地解釋了有機分子旋光異構現象。這種連線有四個不同基團的碳原子稱為手性碳，這一對光學映象的異構體稱為對映異構體（圖 8.3）。至此，有機立體化學的基本模型就全部確立了。

---

[002]　巴斯德無法解釋這一化學現象，便將研究興趣轉向生物發酵，此後他成為現代微生物學奠基人，巴氏消毒法就是由他發現並以他的名字命名的。

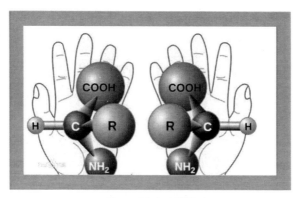

圖 8.3 對映異構體

8.3
認識手性

▶ 手性及手性分子的概念

　　人們在研究對映異構體時，發現由左旋和右旋兩種對映異構體的分子中，原子在空間的排列是不重合的實物和映象關係，與左手和右手互為不能重合的實物和映象關係類似，從而引入了手性及手性分子的概念。手性一詞來源於希臘語「手」（Cheiro）。

　　所謂手性，是指物體和它的映象不能重合的特徵。所謂手性分子，顧名思義就是具有手性的分子，即構型與其映象不能重合的分子。

　　兩個互為映象而不能重合的立體異構體，稱為對映異構體，簡稱對映體。對映體是具有相同分子式的化合物，由於原子在空間配置不同，從而產生同分異構現象。異構體都有旋光性，其中一個是左旋的，一個是右旋的，所以對映異構體又稱為旋光異構體。

▶ 手性分子的普遍性和重要性

在自然界中，手性是普遍存在的一種現象。大到星雲，小到常見的螺螄殼和貝殼，從雙子葉植物的兩片子葉，到纏繞的植物，都是具有手性的。科學家還發現，手性現象中絕大多數是右手螺旋，右手螺旋、左手螺旋的比例是 20,000：1。

手性與生命的關係非常密切，手性展現在生命的產生和演變過程中，它是生命的本質屬性。糖類是組成生命體的基本物質之一，也是手性化合物，自然界存在的糖、澱粉和纖維素中的糖單元都為右旋的（D-構型）。地球上的一切生物大分子的基元材料 α- 氨基酸，絕大多數為左旋的（L-構型），而由氨基酸組成的蛋白質是右旋的。核苷酸是右旋的，DNA 分子的雙螺旋結構多數情況下也是右手的手性構型。與機體功能密切關聯的類固醇激素、生物鹼、費洛蒙等有機小分子絕大多數也都是手性化合物。正因為構成生命蛋白質的氨基酸是手性的，作為藥物受體的蛋白質也是手性的，可想而知與之發生作用的藥物分子也應具有與之相互對應的手性結構（圖 8.5）。

作用於生物體內的藥物，其藥效多與它們和體內靶分子間的手性相關。在用於治療的藥物中，有許多是手性藥物。而手性藥物的不同對映異構體，在生理過程中會顯示出不同的藥效。尤其是當手性藥物的一種對映異構體對治療有效，而另一種對映異構體表現為有害性質時，情況更為嚴重。

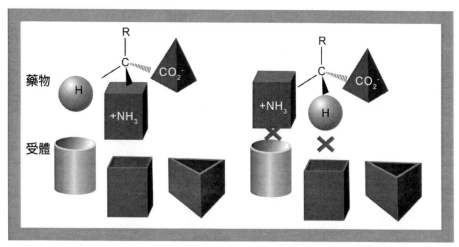

圖 8.5 藥物（圖的上半部分）與受體蛋白質（圖的下半部分）都是手性分子

上面提到的「反應停」悲劇就是一個突出的例子。慘痛的教訓使人們了解到，必須對手性藥物的兩個異構體進行分別考察，慎重對待。各國紛紛立法要求新藥上市必須明確藥物的每一個光學異構體的作用和副作用，或以單一光學異構體形式上市。現有上市藥物中 60% 以上的藥物是手性分子，這也促進了手性化工及手性製藥的蓬勃發展。手性藥物每年增長非常快，2015 年它已經是 4,000 億美元的市場。也有報導指出，世界上研究中的 1,200 種新藥中，有 820 種是手性藥，約占研發藥物數的 70% 以上。

值得一提的是，人們後來還發現，沙利度胺雖然致畸，但在免疫調節、抗炎及抗腫瘤等方面有活性，可作為紅斑性狼瘡、類風溼性關節炎及血管瘤等重大惡性疾病的治療藥物。

除了人服用的藥物，農業上使用的農藥的手性也值得關注。例如，芳香基丙酸類除草劑氟禾草靈（fluazifop-butyl），只有（R）- 異構體有效。又如殺蟲劑氰戊菊酯（asana）包含兩個手性中心，有四個異構體，

但真正有強力殺蟲作用的只有一種：S- 氰戊菊酯，其餘三種不但沒有殺蟲作用，而且對植物有毒。殺菌劑多效唑（paclobutrazol）也包含兩個手性中心，有四個構型異構體，組成兩對對映異構體，其中一對作用相反，（R，R）- 異構體具有高殺菌、低生長控制作用；而（S，S）- 異構體則為低殺菌、高生長控制作用。另外，除蟲菊酯中不同異構體也存在生物活性差異。有些歐盟國家已經規定，農藥也要做成手性純。

▶ 手性分子的性質

手性物質是互成映象，對映體之間雖然不能重疊，但分子的組成是相同的，因此許多物理化學性質也是相同的，如熔點、沸點、溶解度、折射率、酸性、密度等，熱力學性質（如自由能、焓、熵等）和化學性質也是相同的，化學反應中表現出等速率。除非在手性環境（如手性試劑，手性溶劑）中，它們的化學性質才表現出差異。

兩個對映體之間最大的不同是旋光性不同，它們的比旋光度數值相同，但方向相反。還有，對映體的生物活性也不相同。

▶ 手性分子辨識和檢驗

手性物質具有旋光性，因而利用旋光性也可以檢驗物質的手性。顯然手性辨識與手性分離密切相關，只有純淨的手性物質才能檢驗氣旋光性。目前應用最多的分離方法有色譜法、感測器法和光譜法等，它們具有適用性好、應用範圍廣、靈敏度高、檢測速度快等優點，在分離辨識和純化手性化合物中受到研究者的極大關注。

8.4
製造手性 ·····························

　　手性化合物最早是從天然有機體中提取和發現的，從天然資源中提取仍然是手性化合物的重要來源，例如糖、氨基酸、萜類、類固醇、生物鹼等。許多手性純的藥用有效成分是直接從植物中提取的。例如，2015 年獲得諾貝爾醫學或生理學獎的科學家發現的能治療瘧疾的青蒿素就是手性分子，是從青蒿植物中提取的。

　　目前廣泛使用的天然抗癌藥物手性紫杉醇，也是直接從紅豆杉科植物中提取的。但是，很多天然產物在生物體內含量極低，提取困難，價格昂貴，難以滿足需求，有時還會導致生態災難，例如昂貴的紫杉醇誘使不法分子盜伐紅豆杉，導致紅豆杉植物品種瀕臨滅絕。而且還有很多人工合成的手性藥物根本沒有天然來源，這就促進了手性合成技術的發展。

　　手性化合物製備主要有兩種途徑：第一是手性拆分，就是對已經製成的手性異構體的混合物進行分離，獲得單一立體異構型的手性純化合物，即先合成後分離。第二是手性合成，即在合成時就盡可能直接獲得單一立體異構型的手性純化合物。下面分別予以介紹。

▶ 拆分技術：消旋體的拆分

　　在由非手性物質合成手性物質時，往往得到的是由一對等量對映異構體組成的消旋體。如果要得到其中一種具有生理活性的對映異構體，就必須透過消旋體的拆分，也就是將具有一對手性異構體的外消旋混合物拆解分離，獲得其中單一立體構型的手性化合物。

　　該技術是最早發展出來的手性化合物製造技術，或可追溯一下西元1848年發生的故事，法國科學家巴斯德（Pasteur）先生在顯微鏡下，用鑷子把具有不同手性特徵的酒石酸晶體一個一個分別挑了出來，成功實現了酒石酸手性分子的分離，他也因此成為世界上第一個發現和人工分離手性化合物的人。這是一段令人稱奇的故事。

　　當然，工業生產不能靠顯微鏡和鑷子。經典的拆分消旋體的方法主要有：晶體的機械拆分法、誘導結晶拆分法、表面優先吸附法、生物化學法以及化學拆分法。其中，結晶拆分工藝已可以實現工業化應用，生產一些特殊的活性物質，例如大規模生產氯黴素和抗高血壓藥等手性藥物。

　　在手性拆分的研究領域有幾個概念需要澄清一下，如外消旋體混合物和外消旋體化合物，分別適用於不同的拆分方法。外消旋體的晶體一般有兩種形式存在：①一對光學異構體分別形成晶體，鏡面對稱的兩種晶體混合在一起形成外消旋體混合物。②一對光學異構體成對結合，形成同時包含有兩種異構體的一種晶體，稱為外消旋體化合物。巴斯德很幸運，他選擇的酒石酸鹽是一種外消旋體混合物。對於外消旋體混合物，可以透過控制結晶過程，新增晶種等方法，使其中一種構型單獨析晶而達到分離目的。

　　對於外消旋體化合物，則無法用直接結晶的方法進行分離。可以加入另一種單一手性化合物，使之發生化學反應或形成鹽，形成的產物中有兩個或兩個以上的手性碳原子，其中一個手性碳原子構型相同，而另一個手性碳原子構型不同，這一組異構體被稱為非對映異構體。非對映異構體與對映異構體不同，對映異構體的單體的基本物理性質如熔點、沸點、折光率等理化性質是相同的，僅有旋光相反。但非對映異構體之

間理化性質均不相同，是兩個完全不同的化合物，這樣就可以透過其理化性質的差異達到分離的目的。最常用的分離方式就是基於非對映異構體溶解度的差異，透過結晶進行拆分，這種方法也被稱為非對映異構體結晶拆分。

另一種外消旋體的拆分方法是在特定的手性環境下，如手性試劑、催化劑或生物轉化，使用一對對映異構體中的某一異構體發生化學反應，而另一異構體幾乎不發生反應，形成兩種不同的物質，從而達到分離目的，這種方法要求兩個異構體在反應動力學上存在差異，所以叫做動力學拆分。如果在動力學拆分的過程中建立一個動態的消旋化反應過程，使不需要的構型直接在反應體系中消旋化，消旋產物繼續在動力學控制下轉化為目標構型，那麼最終可以獲得超過 50% 以上或完全轉化為目標構型的手性化合物，這稱為動態動力學拆分。但尋找這一可逆的消旋化過程並非易事，例子相當有限。

拆分技術可較為簡便地獲取手性化合物，可從較易得的非手性化合物直接製造手性化合物。但它也存在缺陷，因為每生產一種手性物質就要費盡周折把另一半分離出來，即只能獲得一半所需構型的手性化合物，而另一半構型的對映異構體就成了無用副產物可能被浪費掉，對環境保護及對經濟效益都是不利的。如果能進一步完善工藝而找到其使用價值，如可以直接作為其他用途，或透過一系列轉化消旋化後重新進行拆分，這將是一件非常有意義的工作。

人們顯然不滿足於上述這些以拆分為核心技術的低效的手性化合物製造方法（理論收率 50%）。而最容易想到的辦法，就是直接合成單一手性的化合物。

▶ 直接合成：不對稱催化合成

　　所謂手性合成，就是透過化學反應，由非手性化合物合成得到手性化合物。如果反應在合適的手性條件下進行，則可生成不等量甚至單一手性的對映異構體。科學家發明了手性分子定向合成的方法，從而避免了合成後再進行拆分的繁瑣和浪費，該法已經成為手性技術中非常活躍的領域。最常用的手性定向合成技術包括手性源合成、底物誘導合成和手性催化合成三種方法，其中，手性催化合成方法被公認為是最可取的手性分子合成技術。它往往只需一個高效的催化劑分子，就可以誘導產生數百萬個具有所需結構形態的手性分子。

　　手性源法合成：易得的手性化合物為原料，來製造其他高附加值的手性化合物。很多手性化工產品和藥品，本身就是天然產物、天然產物的衍生物，或者是天然手性小分子骨架的結構修飾物。對於這樣的手性產品，使用現有的手性分子作為原料不失為一種簡單高效的方法，這種基於現有手性的合成方法稱為手性源法。

　　底物誘導合成：另一種類似的方法是底物誘導合成，就是使用一些廉價的手性分子作為模板，透過化學結構的立體控制，誘導反應產生所需新的手性中心，而那些手性模板在完成這一使命後可以從目標分子中分解出來並回收再用。與手性源合成相比，這個方法可以回收的手性模板可以使生產效率大大提升並有效地控制成本，但其單次投料仍需要等當量的手性化合物作為試劑，而且也增加了合成路線中手性模板的解離與回收的過程，仍然不是最經濟和有效的辦法。

　　手性催化合成：由於 1960 年代「反應停」的重大影響，工業界對於手性合成技術產生緊迫需求。當時最成熟的工業催化技術是金屬或金屬氧化物催化氫化技術，如鐵催化合成氨以及鎳催化不飽和脂肪氫化製

備植物奶油。有機合成中使用鈀、鉑和銠等催化氫化也相當普遍。但這些無機金屬催化不具備手性因素，無法產生手性產物，不過它們對雙鍵加氫是有立體選擇性的，即在雙鍵加氫時，氫反應總是發生在雙鍵的同一側。

選擇性合成手性分子的單一異構體是合成化學家長期追逐的夢想，要實現這一夢想，關鍵在於手性催化劑的研製。開發高效率、高對映選擇性的催化劑是不對稱合成的關鍵。特別是要實現在工業生產中的手性合成，最有效的辦法是使用催化。現代化學工業 90% 的化工過程都有催化劑的參與。如果能尋找到一種手性催化劑，透過少量的手性物質大量製備手性化合物，顯然這是最有效的手性化合物製造方法。手性催化劑包括金屬－手性配體配合物催化劑，酶催化劑和有機小分子催化劑。

▶ 關於手性催化劑合成

過渡金屬催化：1966 年，英國科學家威爾金森（G. J. Wilkinson）發現銠可與三苯基膦形成可溶於有機溶劑的有機金屬化合物，而更重要的是，該有機金屬錯合物可高效催化烯烴雙鍵加氫反應 [2]。

用過渡金屬催化的手性氫化，是美國科學家諾爾斯（William S. Knowles）研究最廣泛，也是最早成功的手性合成反應，至今已有 1,000 多個手性膦配體由合成得到，而且人們對於手性氫化的機制、產生手性誘導的因素以及過渡金屬的作用等諸方面都進行了深入的研究。

美國孟山都公司的諾爾斯（W. S. Knowles）認為，如果使用具有手性的有機磷化合物與金屬形成手性錯合物，用於催化氫化反應，則可能透過催化氫化的方式獲得手性產物。很快這種設想被證實是可行的。最開始的立體選擇性只有 69%ee[3]，在諾爾斯的努力下，這一催化反應立

體選擇性達到 95%ee 以上，並於 1974 年在孟山都公司實現了帕金森治療藥物 L- 多巴的不對稱催化工業合成，這也是不對稱催化用於工業規模不對稱合成的首個例子。

　　這一重大發現極大激發了化學家的研究興趣。大量的手性有機－金屬配體被開發出來。但催化立體選擇性並不理想。名古屋大學教授野依良治（Ryoji Noyori）於 1980 年代發明了以手性連萘酚骨架製成的手性磷配體 BINAP，其與金屬釕形成的手性配合物在催化不對稱氫化時，可以獲得 >99%ee 的立體選擇性，幾乎專一地獲得唯一構型的化合物。該項技術被迅速應用到日本高砂香料公司薄荷腦的工業合成之中。時至今日，BINAP 仍然是手性催化中最為熱門的骨架結構之一，堪稱不對稱催化界的傳奇。

　　ee：ee 是對映異構體過量值，其數學計算表示式為：ee ＝（R － S/R ＋ S）。R 代表一種手性異構體的量，S 代表另一種手性異構體的量。所以用百分比表示。

　　與催化氫化還原相對應，不對稱的氧化技術也是不對稱催化領域的另一研究焦點。不對稱氧化的突破也是 1980 年代實現的，美國科學家沙普利斯（K. B. Sharpless）採用廉價的鈦和葡萄酒下腳料酒石酸為原料研發的催化劑，成功實現了烯丙醇的高立體選擇性氧化，且這一反應體系產物的立體構型是高度可預測的。這一技術被應用到手性縮水甘油醚的工業合成之中，手性縮水甘油醚是眾多手性藥物合成的關鍵手性中間體。用過渡金屬催化的手性氧化，是沙普利斯歷經十年努力才實現的催化反應，已成為目前廣泛應用的手性合成反應之一。

　　由於美國科學家諾爾斯、沙普利斯和日本名古屋大學教授野依良治

在手性催化合成領域，尤其是其在工業應用方面的開拓性的貢獻，21 世紀第一頂諾貝爾化學獎的「王冠」被他們摘取。他們在用過渡金屬催化的手性催化氫化反應和手性催化氧化反應方面進行了長期的探索，不但使手性合成進入了新的發展階段，而且已被應用於工業化的生產，從而使得手性催化反應成為手性合成技術研究中最活躍的領域。

手性過渡金屬催化劑在工業上的應用最廣泛，但它也存在一些明顯的缺點，比如催化劑造價昂貴、反應條件苛刻、產物中微量重金屬殘留、催化劑不易回收、環境汙染等。與之相比，有機小分子催化劑在這些方面具有明顯的優勢：小分子催化劑大多無毒無害且廉價易得，反應條件較為溫和，無須擔心重金屬殘留，催化劑易於從產物中分離出來重複利用等。

生物酶手性催化：生物酶是人們熟悉的另一類手性催化劑，一般價格比較昂貴，活性高為其催化反應的一大顯著特點。但由於酶催化的專一性強，反應底物非常有限，且自身穩定性差，產物的分離與純化也存在一定的困難，加之某些酶需要輔酶或培養基，這些都使酶的應用受到很大的限制。

有機小分子催化：有機小分子催化是人類對酶催化的學習、模擬和改進。有機小分子催化劑具有生物酶催化劑的優點，如高效性，反應條件溫和等，並且與酶催化劑相比，小分子催化劑價格低廉，對水和空氣不敏感，同時也更加穩定。更重要的是，透過對有機小分子催化劑的結構進行細微調整，或是嘗試不同的新增劑，使其適應不同的反應底物，因而比酶催化更具有開發前景。有機小分子催化劑從 21 世紀初開始興起，在短短十年間獲得迅速發展，各種型別的小分子催化劑不斷湧現，應用範圍也在迅速擴展，已經從星星之火形成了現在的燎原之勢。有機小分子催化劑經過近十年的發展，形成了和手性配體金屬催化劑相輔相

成、並駕齊驅的局面，與微生物或酶催化一起，成為合成光學活性化合物的有效途徑。

由於德國科學家本亞明‧利斯特（Benjamin List）教授與美國科學家大衛‧麥克米倫（David MacMillan）教授因在「不對稱有機催化」領域內的研究工作，瑞典皇家學會於 2021 年將諾貝爾化學獎授予他們，以表彰他們在該領域的開創性貢獻。

在有機小分子的開發設計方面，可成為有機小分子催化劑的化合物包括路易斯酸，路易斯鹼，布朗斯特酸，布朗斯特鹼四種主要型別，具體來講可供人們選擇使用的有機小分子催化的基本結構型別有：氨基酸及其衍生物，如脯氨酸等；手性磷酸類；手性脈類；酒石酸類二醇或聯二萘酚類；天然生物鹼類，如金雞納鹼；脲及硫脲類；相轉移催化劑等。這些催化劑具有不含金屬離子的共同特徵，在藥物合成或精細有機化工領域具有潛在的應用前景和價值。

▶ 手性合成技術和量子化學理論計算

值得一提的是，如果將手性合成技術和量子化學理論計算結合將會如虎添翼。利用第一性原理從頭計算的方法，研究發生在分子之間的化學反應是如何進行電子傳遞的，以及電子傳遞過程採取的優勢構象和過渡態，挖掘手性結構特徵產生的根源和影響因素，從而進一步由此設計手性催化劑或進行配體結構特徵的微調。在該領域科學家們已經能夠藉助一些計算軟體（Gaussian，Gamess，Turbomole，VASP，Quantumn Expreso，DMol³ 等）從分子結構水平初步闡明一些規律，如在芳基烯烴的不對稱氫甲醯化方面，該反應可建構手性芳基乙酸類非類固醇抗炎藥物，可有效治療關節炎等疾病。

普林斯頓大學（Princeton University）的有機化學教授麥克米倫（Edwin M. McMillan）和加州大學洛杉磯分校（UCLA）的有機化學教授休克（K. N. Hock），在研究小分子催化劑時，就採用計算化學的方法篩選合適的催化劑。由於每一個催化劑若要合成出來，將會花費大量的時間、人力、物力、財力，因此透過計算化學篩去那些不可行的催化劑將會節省許多成本。因此，計算化學既是實驗之外的化學，又和實驗有著密切的關係。

> **VASP**：VASP 全稱 Vienna Ab-initio Simulation Package，是維也納大學 Hafner 小組開發的進行電子結構計算和量子力學－分子動力學模擬套裝軟體。它是目前材料模擬和計算物質科學研究中最流行的商用軟體之一，其利用平面波函式與利用高斯波函式的 Gaussian 軟體齊名。
>
>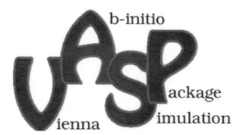

8.5
結語

歷經百年，科學家不斷地對手性分子進行探索與研究，並在實踐中越發深刻地了解到手性分子在人類生存和發展過程中的重要作用。尤其是自 1980 年以來，在生命科學和材料科學領域不斷發展進步的有力推動

下，手性物質的基礎研究和手性技術的開發與應用，逐漸成為當代化學研究的焦點和前沿。

關於手性分子和手性技術仍有諸多不解之謎。各種化學計量的拆分及手性源合成仍然是手性化合物製造的主流方法，而看似高效的手性催化技術在具體實施時仍然困難重重。現有的研究方法多是採用篩選和碰運氣，並未真正從理論上做到可預測。許多問題急待人類去探究和解決。比如，能否在掌握療效和毒副作用的基礎上，對已知立體結構的手性藥物進行開發，從而獲得另一種新藥？如何能夠大幅提高手性物質的利用效率，從而避免浪費和汙染？為何在天然狀態下蛋白質幾乎都是由左旋氨基酸構成，而糖類大多都是右旋的？生命為什麼會青睞這種手性？手性現象是生物進化過程中的偶然性，還是另有不為人知的科學必然性？

科學研究的道路從來不是一帆風順的，希望有志於此的年輕學子努力進取，勇敢攀登科學高峰。揭示手性之謎，讓手性技術造福人類，這是未來化學家和化學工程師共同的光榮使命。

09

人工酶：站在數學、化學與生物科學的邊界之上

Artificial Enzyme: Standing on the Boundary of Mathematics, Chemistry and Biological Science

在微生物的世界中，酶結構就像一把精密的「鑰匙」可以開啟不同的催化反應通道，讓生物體產生不同的功能變化。但自然界中的這些天然的「鑰匙」功能有限並且獲取時間漫長，無法滿足人類日益增長的需求。因此，人類正透過已有的知識和自身的智慧，對這些「鑰匙」進行改造，從而高效地獲取新「鑰匙」。

酶是具有生物催化功能的生物大分子，憑藉其催化效率高、底物專一性強、環境友善等優點，在化工、製藥等行業得到了廣泛的應用。然而，天然酶有限的催化效能已不能滿足人們日益增長的需求，因此需要建構人工酶應用於工業生產中。人工酶是相對天然酶提出的概念，指的是天然酶經過人為改造或者從頭創造得到的酶。設計人工酶的方法稱作人工酶設計，它將電腦技術和生物化學原理結合，充分利用電腦強大的運算能力改造天然酶。本章將從酶的發現和認識出發，引出人工酶設計，然後闡明設計人工酶的必要性，接著介紹人工酶設計的分類、理論依據和方法，最後給出人工酶設計的幾個典型的應用例項，展示人工酶設計方法在現代化工和生物醫藥領域中的應用潛力，並指明酶設計未來的發展趨勢。

9.1
引言

綠色的樹木，芬芳的花朵，地球充滿生機，人類與 100 多萬種動物、40 多萬種植物及無法用肉眼觀察的微生物相鄰相伴、相生相剋，維持著大自然的和諧統一。無數的生命在有序的運轉著，生命正常運轉的背後，是許多個酶分子在「兢兢業業」地工作，維持細胞正常的新陳代謝。

　　當酶的功能達不到我們的需求時，改造酶就成為我們的選擇。電腦技術的快速發展，賦予我們改造酶的神奇能力。合適的數學模型和最佳化演算法，讓我們能夠找到龐大的酶序列空間中的最佳解方。

　　站在數學、化學與生物科學的邊界之上，我們將可能隨心所欲地設計酶，進而擁有改變世界的力量。

9.2
酶的發現和認識

　　生命與非生命最根本的區別在於生命中的各種物質存在著特殊的運動形式 —— 新陳代謝。新陳代謝使生物體與外界不斷進行物質和能量交換，生物得以生長、發育和繁殖。生物體內的新陳代謝其實是由成千上萬個錯綜複雜的化學反應構成的，這些化學反應的生物催化劑就是酶。

　　早在4,000多年前的夏禹時代，人們就會利用各種麴黴中的酶釀酒。但人們真正開始發現和認識酶，已經是 18 世紀末至 19 世紀初了。當時觀察到的一些現象，例如食物能在胃中被消化，一些植物的提取液能夠實現澱粉向糖的轉化等，讓人們意識到應是某種物質在發揮作用。到了 19 世紀中葉，隨著研究的深入，法國科學家路易·巴斯德（L. Paster）透過對酒精發酵過程的研究，提出發酵能夠將糖轉化為酒精是由於酵母細胞中的一種活力物質所致。他認為這種活力物質只能存在於生命體中，當細胞破裂時就會失去發酵作用。西元 1897 年，德國科學家愛德華·比希納（E. Buchner）透過使用不含細胞的酵母提取液進行發酵研究，最終證明完整的活細胞存在並不是發酵過程進行的必要條件。這一傑出貢獻

開啟了通向現代生物化學與現代酶學的大門，他也因此獲得了 1907 年的諾貝爾化學獎。

1926 年，美國生物化學家詹姆斯·薩姆納（J. B. Sumner）首次從刀豆中獲得了尿素酶結晶，證明尿素酶的本質是蛋白質，並因此獲得 1946 年諾貝爾化學獎。1965 年，大衛·菲利普斯（D. Phillips）透過 X 光晶體學對溶菌酶三維結構的報導象徵著結構生物學研究的開始，高解析度（測定精度的數量級為 10 分之 1 個奈米，單位為 Å）的酶的三維結構使得對於酶在分子水平上工作機制的了解成為可能。這一系列傑出研究，逐漸為我們揭開了酶的神祕面紗。

現在對酶的普遍定義是指具有生物催化功能的生物大分子，其英文名稱 enzyme 則是源於希臘語 ενζυμον，意思是「在酵母裡」。從定義就可以明確看出來，酶的最主要的功能是催化代謝反應。在一個有酶參與的反應體系中，參與反應的原料稱為底物，酶能夠與其相配對的底物進行特異性結合（酶催化具有專一性），使得反應過程中所需翻越的能量障礙大大降低，從而加快反應速率。通常來說，酶對反應速率的提高往往是上百萬倍量級的，最高可以達到 10^{17} 倍。

```
1 氧化還原酶 (oxidoreductases)
2 轉移酶 (transferases)
3 水解酶 (hydrolases)
4 裂合酶 (lyases)
5 異構酶 (Isomerases)
6 合成酶 (synthetases or Ligases)
```

圖 9.5 依據酶催化反應的特點對酶的系統分類

現在已知的酶有 5,000 多種，為了便於區分這些酶，國際生物化學會酶學委員會（Enzyme Commission）按照酶催化的反應性質不同，將其分為六大類（圖 9.5）：促進底物進行氧化還原反應的氧化還原酶；催化底物間基團轉移或交換的轉移酶；催化底物發生水解的水解酶；將底物的一個基團移去並留下雙鍵的反應或其逆反應的裂合酶；催化各種異構體之間相互轉化的異構酶；催化兩分子底物合成為一分子化合物的合成酶。

酶憑藉其催化效率高，底物專一性強，環境友善等諸多優點，在化工、製藥等行業得到了廣泛應用。相較於一些傳統工藝，無論是從經濟效益還是環境保護，酶的引入都會對產品的生產有明顯的改善。通常可以用酶催化反應來替代那些複雜的多步化學反應過程，這樣能夠有效縮短工藝流程進而降低生產成本，並且省去了很多化學試劑的應用，讓產品的生產過程更加安全環保。

酶還能催化化學催化劑不能催化的反應。1985 年，喬治·懷特塞茲（G. M. Whitesides）研究組報導了令人印象深刻的例子，他們描述了在立體選擇性縮醛反應中使用醛縮酶作為催化劑，加成酮 2 至醛 1，立體選擇性地生成加合物 3，如圖 9.6 所示。在縮醛反應中能夠和醛縮酶相提並論的非生物合成手性催化劑，至今還沒有找到。

整體而言，酶的優點很多，作為大自然創造出的神奇的生物工具，能夠大大加快化學反應的程序，不僅使得細胞的新陳代謝得以快速進行，還在工業生產中發揮著至關重要的作用，並與我們的生活息息相關（圖 9.7）。

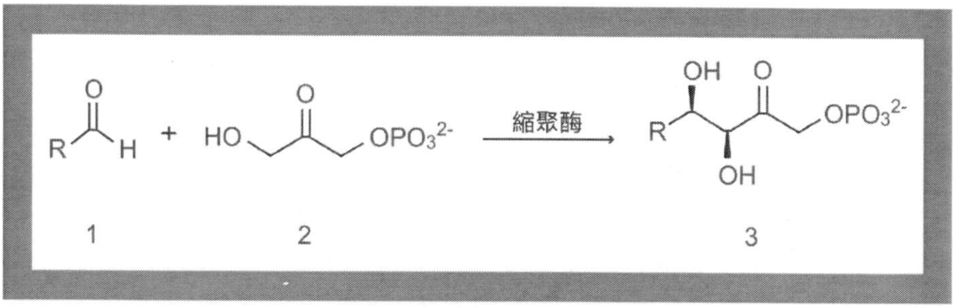

圖 9.6 縮醛酶催化合成手性醇

圖 9.7 酶與我們的生活息息相關

9.3
人工酶設計的必要性 ···

　　既然天然的酶已經有如此大的作用，那麼我們為什麼還要改造天然酶，得到人工酶呢？道理其實很簡單——天然酶有限的催化效能已經不能滿足人們日益增長的需求。對於一些能夠為生產和生活創造價值的化學反應，自然界中很有可能並不存在催化效率較高的酶。另外，工業化的大環境要求生產過程中使用的酶具有較好的熱穩定性，可以重複利用，但長期進化使大部分天然酶只適於特定的溫和條件，對熱敏感、穩定性差。這些因素，導致很多天然酶難以直接在工業生產中大規模應用。

　　因此，憑藉人類的智慧以及已經闡明的物理化學基本原理，我們需要並且有能力對天然酶進行一定的運算設計，得到經過人工改造的、具有新的催化功能或更強催化能力的人工酶，從而拓寬酶的應用範圍。

　　目前透過酶工程改造，提升酶的催化效能的策略主要有定向進化技術和人工酶設計。定向進化是一種工程化的改造思路，不需要事先知道酶的結構資訊和催化機制，透過建構序列多樣性的隨機突變體文庫，表達並篩選特定性狀提高的目標突變體，模擬自然進化過程，以改善酶的性質。而人工酶設計是基於已解析的蛋白質晶體結構和一定的酶催化機理，在電腦上建立酶與底物的催化模型，充分利用電腦強大的運算能力，快速進行大量突變體的篩選過程。這種方法相比於定向進化，能夠大大縮短新酶的開發週期。

　　迄今為止人類已經發現了 5,000 多種酶，據估測在生物體中的酶遠遠大於這個數量。儘管如此，工業生產中的絕大部分反應仍然只能透過

化學催化的方式進行，反應條件苛刻、生產成本較高、環境汙染嚴重，不符合綠色化學的理念。

以抗生素頭孢拉定的生產過程為例，目前製藥企業普遍使用化學法生產頭孢拉定，需要經過五步反應，每合成 1kg 產品會產生將近 30kg 的含毒廢棄物！而目前研究已經獲得突破的酶法僅需一步反應直接合成，且基本不會有副產物生成，同時反應過程在水中進行，避免了使用有機溶劑及有毒試劑。這個目前用於頭孢拉定合成生產的酶，就是由天然酶改造而來。透過突變天然酶中的部分氨基酸型別，提高了酶催化的選擇性，並大幅提高了對頭孢拉定的合成速率。

人工酶的設計策略，相當於在電腦運算以及實驗室的試管中模擬自然界中酶的進化過程。天然酶作為催化效率極高、三維結構極其精密的分子機器，其進化的時間尺度通常在數百萬年，但是藉助於現代生物化學技術以及電腦技術，人工酶設計的時間能夠大幅減少至數月甚至數週。人工酶設計的迅速發展，得益於目前人類有能力對包括蛋白和反應物（底物）在內的大部分物質的化學結構的精確解析，以及電腦演算法遠遠超出實驗所能處理的氨基酸序列組合的搜尋能力。

但是，酶作為極其精密的分子機器，在具有極高的催化效率和選擇性的同時，也導致其對人工設計中引入的變化非常敏感。通常情況下，每個位點的氨基酸型別的突變都會改變其區域性的三維結構，當對離底物擴散通道非常近的活性位點進行突變時，非常有可能使酶失去原有的催化活性。因此，人工酶的設計並不是盲目的氨基酸型別突變，而是一套基於大量運算最佳化、突變位點和突變型別預測、高通量篩選以及實驗驗證所構成的完整的開發流程。基於這套完整的流程，人工酶設計能夠將需要最終進行實驗測定的數量由隨機突變（如定向進化方法）的

>10,000 條序列降低至 10 ~ 100 條序列之間，從而將設計的成功率由隨機突變的不足 0.1% 大幅提高 100 倍以上。

> **活性位點：**酶的活性位點是特定底物與酶結合、催化化學反應的區域。活性位點通常由幫助底物結合在酶上的結合位點和參與催化反應的催化位點構成，催化位點通常位於結合位點旁邊，進行催化。這些活性位點即構成了能夠容納底物並催化反應的活性口袋，在酶中通常可以發現一個或多個底物活性口袋。每個活性位點的化學本質都是構成蛋白質的最小單元 —— 氨基酸。

9.4
人工酶設計的分類

　　根據對酶改造程度的差異，人工酶設計可以進一步細分為兩類。第一種叫再設計（redesign），是對於自然界中已經發現的能夠催化某個特定反應，但是催化效率較低的酶，在保留原有酶催化模式和催化機理的前提下，在酶的結構中突變一些氨基酸，從而明顯改善原有酶的不足。這種改造方式具有較強的工業應用價值。傳統的酶工程和蛋白質工程技術也能夠實現這種改造。第二種則是全新的改造，叫做從頭設計（de novo design），其僅利用天然酶的三維結構，將其改造為具有新的功能、催化新的底物的酶。其所催化的反應可能是自然界中的酶根本無法催化的，甚至能夠將毫無催化能力的非酶蛋白質設計成具有催化活力的酶。這種改造是其他傳統方法無法實現的，人工酶設計方法已經成功解決了此項難題，並獲得了一系列新的進展。

目前，X 光晶體衍射以及核磁共振波譜法能夠較為精確地解析蛋白質結構，解析的蛋白質結構會公布在蛋白質資料庫（protein data bank，PDB）中，數目已經接近 178,000 個（2021 年 6 月資料）。這些結構資料能夠成為人工酶設計與改造中的原始資源，挖掘蛋白質資料庫中的結構和序列特徵，並為人工酶設計指明方向。因此，人工酶設計事實上也是生物化學、電腦技術與大數據搜尋的有機結合。

9.5
人工酶設計的理論依據和方法

在一般化學反應中，催化劑是無機催化劑。但與無機催化劑不同，一般酶的體積遠大於底物的體積。底物與酶結合，經催化反應變為產物並從酶分子上釋放出來。

人工酶設計的依據是酶催化的過渡態理論。酶反應與一般的化學反應一樣，從底物到產物的反應要越過較高的能壘才能進行，這個能壘對應的狀態就是過渡態。如果把能壘比作高山，反應物需要越過這座山才能變成產物。越過這座山的路不只一條，沒有酶催化的路是一條比較陡峭的路，而有酶催化則是一條比較平緩的路，如圖 9.14 所示。人工酶設計的目標就是針對特定的反應，設計出相應的酶，進而找到這條平緩的路。

酶催化的鎖鑰假說和誘導契合學說也為人工酶設計提供了重要指導。鎖鑰理論是費歇爾（E. Fisher）在西元 1894 年提出的，他指出酶在催化時會先和底物透過弱相互作用結合形成複合物，底物的結構和酶的活性中心的結構十分吻合，就好像一把鑰匙配一把鎖一樣。酶的這種互

補形狀，使酶只能與對應的化合物契合，從而排斥了那些形狀、大小不適合的化合物，這也正是酶催化具有專一性的原因。在鎖鑰假說的基礎上，丹尼爾·科甚蘭（Daniel Koshland）在1958年提出了誘導契合學說，指出酶在和對應底物結合時，其構象並不是固定不變的，而是會受到底物分子的誘導，從而改變構象，和底物形成互補的形狀，進行形成過渡態複合物。

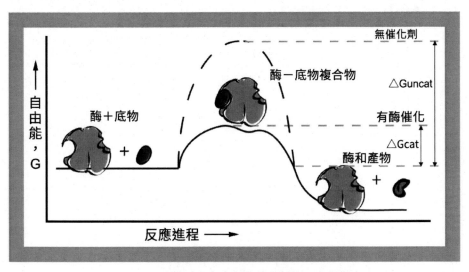

圖 9.14 有酶催化劑和無酶催化劑的反應歷程

　　既然酶催化反應的發生是依賴於底物和酶形成穩定的複合物，降低反應的能壘，使反應更容易進行，那麼人工酶的設計思路也順理成章地需要考慮如何使酶和底物形成穩定的複合物。我們知道，蛋白質的功能是由其空間結構決定的，而空間結構又是由氨基酸序列摺疊形成的。透過最佳化酶的氨基酸序列，對酶的三維結構進行改造，改變酶催化的反應活性口袋，使得酶更好地「接納底物」，如圖 9.16 所示，酶的氨基酸殘基和底物小分子很好地吻合，這便是人工酶的設計理念。

圖 9.16 酶的氨基酸活性位點和底物形成複合物

圖 9.17 從蛋白質資料庫中篩選特定過渡態分子的適配骨架

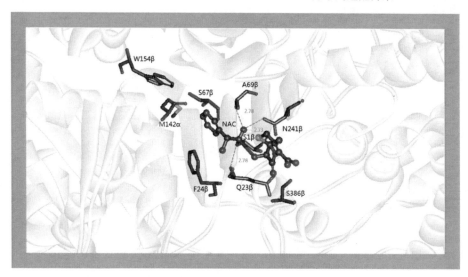

圖 9.18 過渡態在酶活性口袋中的位置

　　對於沒有酶催化的反應，如何從頭設計出具有目的催化功能的酶呢？首先根據反應機理，可以推測出底物過渡態的結構。知道了過渡態後，需要從大量的蛋白質結構中搜尋能夠放得下過渡態的蛋白質骨架。

如圖 9.17 所示，9 個骨架中只有右下角一個骨架配對。這裡的配對簡單
理解就是，過渡態小分子被蛋白質很好的容納，兩者之間的空間位阻很
小。同時要確定過渡態在蛋白質骨架結構中的大致位置，以確定過渡態
周圍的氨基酸活性位點（圖 9.18）。

蛋白質骨架：蛋白質的基本結構是由多個氨基酸透過肽鍵連線形
成的多肽鏈，每個氨基酸都由中心 α 碳原子與氫原子、氨基。羧基和
R 基團相連。在蛋白質設計領域，我們把每個氨基酸上包括形成肽鍵
的原子、中心 α 碳原子、α 碳上的氫形成的鏈狀結構稱為蛋白質的骨
架，而每個氨基酸的 R 基團稱為蛋白質的側鏈，蛋白質設計正是要對
可變的側鏈進行最佳化設計。如補充圖 1 所示，紅色線圈出的部分即
代表該肽鏈的骨架部分。

假定知道了底物過渡態的結構並找到了合適的蛋白質骨架，還需要
對酶分子上底物過渡態周圍的氨基酸殘基進行設計，透過建立合適的物理
化學模型，計算過渡態與酶分子之間的原子相互作用，比如氫鍵、凡得瓦
力、靜電相互作用等，如圖 9.19 所示。這是一個組合最佳化問題。舉個例
子來說，假設要對一條蛋白質序列活性口袋處 10 個活性位點進行設計，每
個活性位點處可以是 20 種氨基酸，那麼組合數就達到了 20^{10} 種，如果再考
慮到每種氨基酸可能有不同的構象，那麼搜尋的構象空間將達到 10^{50} 種！

　　搜尋如此龐大的蛋白質序列空間需要高效的最佳化演算法和電腦算力加以支持，如圖 9.20 所示，便是將蛋白質序列選擇問題轉化為一個最佳化問題的數學模型，最佳化目標便是整個體系的能量要達到最低最穩定的狀態，透過解這個最佳化模型獲得最理想的蛋白質序列。

　　最後，基於上述原理設計的人工酶並不一定能按照我們的想法實現相應的催化功能，還需要透過分子生物學實驗進行驗證。如圖 9.21 所示，獲得最佳氨基酸序列對應的基因序列後，透過基因工程的方法，先將目的基因匯入質粒中，再轉入宿主細胞中，細胞發酵表達得到目標酶，然後驗證目標酶的催化活性。同時，生物實驗與運算設計過程互為輔助，透過實驗可以對運算建模過程進行修正，而修正後的運算模型則有利於改善人工酶設計的結果。透過人工酶設計方法，得到改良的人工酶的整體框架如圖 9.22 所示。

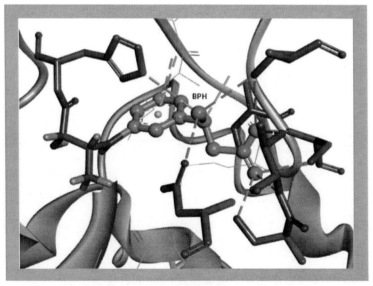

圖 9.19 計算並最佳化過渡態與酶分子間的相互作用
圖中的綠色代表過渡態小分子，與酶分子的殘基之間形成氫鍵網絡

$$\text{minimize} \quad e = \sum_{i=1}^{p}\sum_{j=1}^{n_i}E\left(i_j\right)y_{i_j} + \sum_{i=1}^{p-1}\sum_{k=i+1}^{p}\sum_{j=1}^{n_i}\sum_{s=1}^{n_k}E\left(i_j,k_s\right)x_{i_j,k_s}$$

subject to

$$\sum_{j=1}^{n_i}y_{i_j}=1, \quad \text{for } i=1,\cdots,p$$

$$\sum_{j=1}^{n_i}x_{i_j,k_s}=y_{k_s}, \text{ for } s=1,\cdots,n_k \left.\vphantom{\begin{array}{c}a\\a\\a\\a\end{array}}\right\}$$

$$\sum_{s=1}^{n_k}x_{i_j,k_s}=y_{i_j}, \text{ for } j=1,\cdots,n_i$$

for $i=1,\cdots,p-1; k=i+1,\cdots,p$

$$\sum_{s\in S_s(i_j)}y_{k_s}\geq y_{i_j}, \text{ for } j\in S_i(k)\left.\vphantom{\begin{array}{c}a\\a\\a\end{array}}\right\}$$

$$\sum_{j\in S_i(k)}y_{i_j}=1$$

for each catalytic pair $\{i,k\}$

$$y_{i_j}\in\{0,1\}, \text{ for } i=1,\cdots,p; j=1,\cdots,n_i$$

$$0\leq x_{i_j,k_s}\leq 1, \text{ for } i=1,\cdots,p-1; k=i+1,\cdots,p; j=1,\cdots,n_i; s=1,\cdots,n_k$$

圖 9.20 透過最佳化模型獲得最理想的蛋白質序列

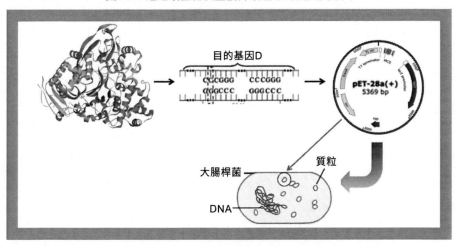

圖 9.21 分子生物學實驗示意圖

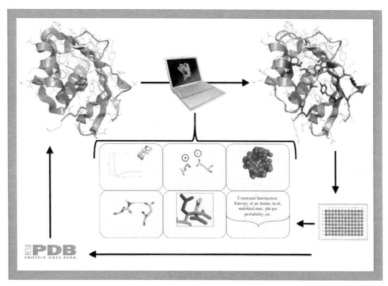

圖 9.22 人工酶設計的整體框架流程

9.6
人工酶設計的應用

　　社會的發展日新月異，人們在健康方面也逐漸面臨著新的問題和挑戰。健康方面的需求導致了藥物市場的大繁榮。如今，很多藥物的工業合成都需要酶的催化來完成，而天然酶固有的缺點，都可以透過人工酶的設計來加以解決。人工酶設計的思路，在健康、生物醫藥等領域有著廣泛的應用。

▶ 改進已有酶的性質

　　對已有酶存在的問題，需要根據酶的結構特點和改造目的，採取相應的設計策略。用人工酶設計的思路，可以有針對性地改進已有酶的性質，主要有如下幾方面的應用。

（1）提高酶的熱穩定性

在實際的生產過程中，需要較高的反應速率來保證產量，升溫是常用的方法，大約溫度每提高 10℃，反應速率可以增加一倍。但大部分酶的最適溫度在常溫附近，這就要求酶在工業應用中具有較高的熱穩定性。

酶的熱穩定性取決於其結構的剛性。酶的二級及以上的結構，通常在氨基酸序列中就已經基本確定，穩定性改造的一個思路是增強殘基側鏈的密堆積，使其剛性增強，在一定的增溫範圍內結構不會解體。非極性氨基酸（圖 9.23）的側鏈屬於非極性的基團（例如苯丙氨酸的側鏈苯環、亮氨酸的側鏈叔丁基），適當設計突變，將原先的極性殘基、帶電殘基變為非極性殘基，能夠增強這些非極性殘基在酶結構內部的緊密堆積，從而達到增強整體酶穩定性的目的。

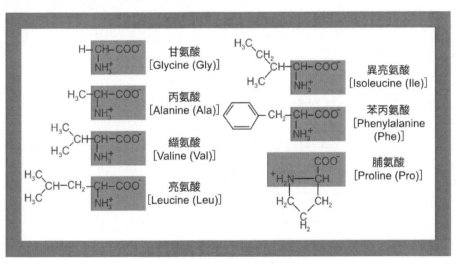

圖 9.23 一些非極性的氨基酸

（2）提高酶的活性

天然酶通常能將原先無酶催化反應的速率提高 $10^5 \sim 10^9$ 倍，儘管如此，一些天然酶的活性還是不能夠達到工業化的要求，需要進一步地提高。

提高酶的催化活性，需要進一步降低反應的活化能，這就需要降低酶－底物過渡態的能量。透過對酶催化活性中心的改造，可以使過渡態的結構更穩定，能量更低。這方面的例子在「人工酶設計的應用舉例」中會進行詳細的討論。

（3）改變酶的最適 pH 值

酶的作用條件通常較溫和，自然界的酶大多也是在接近中性的 pH 值範圍內保持高活性，而在一些特定的生產條件下，可能需要酶具備耐酸、耐鹼的特性。

酶的適宜 pH 值是其組成殘基對 pH 值要求的一個總效應。根據具體的生產需求，改變特定的殘基型別，可以顯著改變酶的最適 pH 值，同時保持酶的活性。

▶ 設計具備新功能的酶

人類的生存方式不再局限於從自然界獲取已有的生存資料，更多的是創造新產品。例如，現在有機物多達數百萬種，而其中絕大多數是透過人工合成的方法製得的。對酶的利用也不例外，人們從未停止過在自然界尋找酶的步伐，常見思路是：尋找一種酶、發現它能夠催化特定的反應型別，將它應用到相應的反應中。那我們能不能夠轉換一下思路，對於我們需要的反應，找到符合需求的酶呢？這可以透過人工酶設計來實現，針對特定反應需要實現的功能，推匯出反應的機理，從而設計合

適的酶結構,從而完成我們需要的反應。

　　設計全新功能的酶,也可以有不同的起點:可以從已有的蛋白質的結構骨架出發,在原本不能實現反應的蛋白質骨架上設計出需要的結構;也可以從已知的蛋白質二級結構單元出發,像堆積木一般堆出我們需要的結構;也可以從頭開始,從一塊塊磚頭出發,設計出完整的高樓。當然,隨著設計起點的降低,我們掌握的已有資訊逐級減少,設計難度增加,會導致相應的成功率降低。因此,目前有大批的科學家正在試圖攻克這塊新的高地。

▶ 人工酶設計的應用舉例

(1) Kemp 消除反應酶的設計

　　圖 9.24 中的這個反應稱作 Kemp 消除反應,它是一類重要的有機化學反應,在電化學、有機化學、生物化學等學科和化工、醫藥等行業裡有著重要的應用。透過 Kemp 消除反應,苯駢噁唑分子開環生成水楊腈。根據苯環上帶有不同的取代基團,反應後可以得到不同的產物。比如預先在苯環上帶有一個羥基,那麼反應後就得到對羥基苯腈,這是一種有廣泛應用價值的反應中間體,能夠在其他合成反應中引入羥基、甲基、硝基等基團。

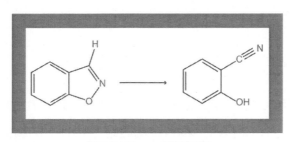

圖 9.24 Kemp 消除反應

我們知道，很多化學反應需要催化劑的幫助才能快速進行，Kemp 消除反應也不例外。在中性條件下，Kemp 消除反應進行得十分緩慢，為了提高反應速度，需要加入 NaOH 來催化反應。但是，加入 NaOH 會增加生產成本，有大量鹼性廢水必須中和排放，處理成本也很大。如果能夠用酶來催化這個反應，不但高效、專一、條件溫和，而且具備綠色無汙染的優點。遺憾的是，大自然並沒有賜給我們能用來催化 Kemp 消除反應的酶，那人類就嘗試自己動手來設計出這樣一個酶。來自華盛頓大學的大衛·貝克（David Baker）等人在 2008 年便成功設計了這樣的人工酶，而且具備很高的活性。下面我們來看看這個神奇的工作是怎樣進行的。

首先要搞清楚 Kemp 反應的機理，這樣才能有好的設計思路。不妨請你先思考一下，為什麼鹼性條件可以催化這個反應？更具體地說，在上側 C 原子上面的 H 原子轉移到下面 O 原子身上這個過程中，溶液中的 OH⁻ 發揮什麼作用？

> **廣義酸鹼理論**：廣義酸鹼理論，又稱酸鹼電子理論、路易斯酸鹼理論，是 1923 年美國物理化學家吉爾伯特·路易斯（Gilbert N. Lewis）提出的一種酸鹼理論。它認為：凡是可以接受外來電子對的分子、基團或離子為酸；凡可以提供電子對的分子、為鹼。因此酸是電子對的接受體，鹼是電子對的給予體。它認為酸鹼反應的實質是形成配位鍵生成酸鹼配合物的過程。

相信聰明的你能夠大致推測出，OH⁻ 幫助 H 原子從 C 原子上脫離下來，從而促進反應。事實的確如此，Kemp 消除反應最難最慢的一步，即化學反應的決速步（即限速步驟），就是這個 C-H 鍵的斷裂。認清這一

點，就可以為我們帶來人工設計酶的啟發，那就是提供一個作為廣義鹼的氨基酸基團，用於奪取這個關鍵的 H 原子。讀到這裡，不知道你有沒有體會出大道至簡的意味？

　　有了基本的思路，接下來便是考慮如何挑選這個作為廣義鹼的氨基酸，並將它安裝到某個合適的蛋白質結構上。貝克他們選擇了採用天冬氨酸來完成這個任務。天冬氨酸的「長相」如圖 9.25 所示。

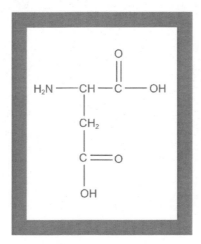

圖 9.25 天冬氨酸的結構式

　　請注意天冬氨酸最下面的部分，相信大家都認得這個羧基。我們知道，在 pH = 7.0 的條件下，這個羧基會解離掉 O 原子上的 H^+ 離子從而帶上負電。根據廣義酸鹼的定義，酸失掉 H^+ 便是廣義鹼。所以這個廣義鹼的任務可以嘗試交給天冬氨酸來完成，看看它是否能不負眾望。

　　看到這裡有的同學可能會有疑問，僅僅憑一個廣義鹼，就能順利抓住這個苯駢噚唑分子，讓它按照我們的期望進行反應嗎？這個擔心是完全正確的。事實上，天冬氨酸雖然有抓取 H^+ 的能力，但沒有抓住整個苯駢噚唑分子的能力，畢竟這麼大塊頭的一個苯駢噚唑分子，單憑一個天

冬氨酸顯得非常勢單力薄。為了替天冬氨酸找一個幫手，貝克找來了一個大個子氨基酸來抓住苯駢噚唑分子，它就是色氨酸（圖 9.26）。怎麼樣，是不是夠大的？是不是長得還挺像苯駢噚唑？既然色氨酸長得這麼像苯駢噚唑分子，當然也能夠吸引苯駢噚唑分子。理解這個結論需要更深入的化學原理支撐，這裡不做詳細解釋。

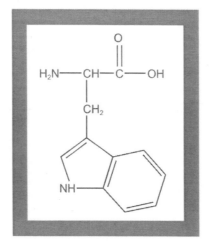

圖 9.26 色氨酸的結構式

有了透過天冬氨酸來幫助質子轉移的思路，接下來便要付諸實踐。下一步就是找到一個合適的蛋白質骨架，把天冬氨酸和色氨酸安裝上去，並使它們各司其職。這兩個氨基酸各有各的長相，自然不是每個蛋白質骨架都能容下它們。從 RSCB 網站可以得到成千上萬個蛋白質骨架結構的晶體資料，這麼大的資料量顯然不能靠人眼去一個個篩選，在這裡電腦就能派上用場了。貝克等人利用一個叫做 Rosetta Match 的軟體，根據這兩個氨基酸分子，以及苯駢噚唑分子的空間結構關係，搜尋了大量的蛋白質結構，最後挑選出適合安裝這兩個氨基酸的蛋白質骨架。

找到了合適的蛋白質骨架之後，透過合成蛋白質對應的 RNA 序列，

轉錄到工程細菌中，然後誘導細菌表達出相應的蛋白，並加以收集和純化，便得到了我們等待已久的人工酶，這時候就可以拿來做 Kemp 消除反應了。這一批設計出的酶，有的活性比較好，可以作為種子選手進入之後的新一輪最佳化。

到這一步為止，用到的方法包括化學原理分析和電腦運算，接下來需要用到另一個之前介紹過的酶工程方法：定向進化。經過大量突變和篩選，貝克在種子選手蛋白上突變了其他 8 個左右額外的氨基酸，最終這個人工酶的活性比初始設計提高了 200 多倍。

看到這裡，你是否感受到了人工設計酶的強大？在 2013 年，布隆伯格（Blomberg）等人在貝克的基礎上，進一步透過運算設計和定向進化相結合的方法，又將活性提高了 88 倍，最終達到最初活性的 18,800 多倍！

透過這個人工酶的案例，不知道你有沒有感受到發明新事物的樂趣，是不是對於人工酶設計有了更多的認知？如果反應更加複雜，需要的氨基酸數量更多，設計的難度會大大增加，那就更具挑戰性了。

（2）非天然氨基酸的生產合成

β- 氨基酸，這是具有特殊生物活性的一大類非天然氨基酸，作為非常重要的醫藥合成前體，被廣泛應用在醫藥行業中。世界上最重要的一類抗生素 —— β- 內醯胺環抗生素可以透過 β- 氨基酸縮合製備。此外，一種治療糖尿病的藥物西格列汀，抗癌藥物紫杉醇，維生素 B5，可以抵抗多種病原體的強效抗生素 Andrimid，以及美國輝瑞製藥公司抗愛滋病新藥馬拉威羅等都需要 β- 氨基酸作為合成前體。一些重要藥物的結構式如圖 9.27 所示。

β- 氨基酸的結構如圖 9.28 所示，與天然 α- 氨基酸相比，β- 氨基酸的區別在氨基在 β 碳原子上。儘管看起來兩者的結構相差不大，但要合

成 β- 氨基酸可不是一件容易的事。細胞內只能自主合成 α- 氨基酸，合成不了 β- 氨基酸。目前 β- 氨基酸的合成主要透過化學法合成，比如用天然 α- 氨基酸合成 β- 氨基酸的阿恩特 - 艾斯特爾特（Arndt-Eistert）反應，以順反烯胺作為底物的催化不對稱加氫方法，以及含有活潑氫的化合物（通常為羰基化合物）與甲醛和二級胺或氨縮合的曼尼希（Mannich）反應等。但是這些化學方法最大的缺點在於依賴昂貴的過渡金屬催化，反應條件苛刻、步驟繁雜、環境汙染嚴重，不符合可持續發展的理念。

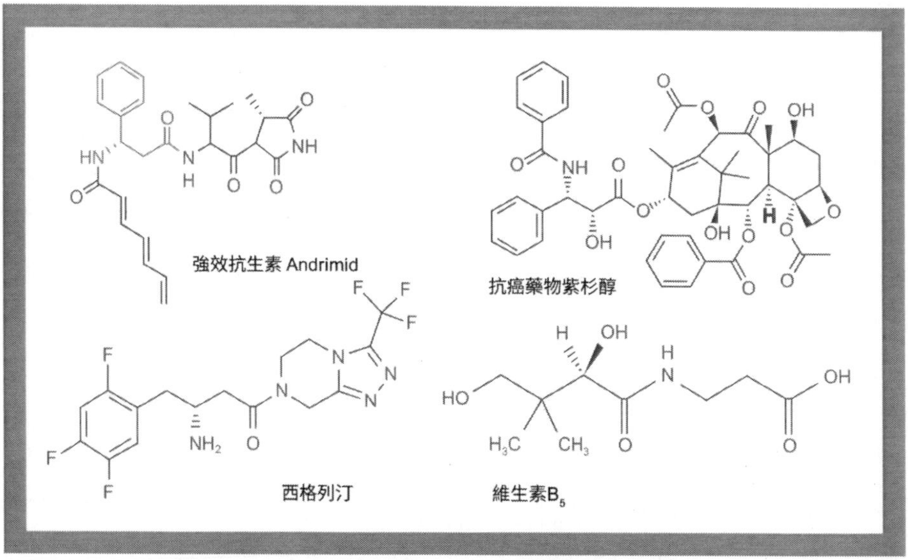

圖 9.27 一些含有 β- 氨基酸合成前體的重要藥物

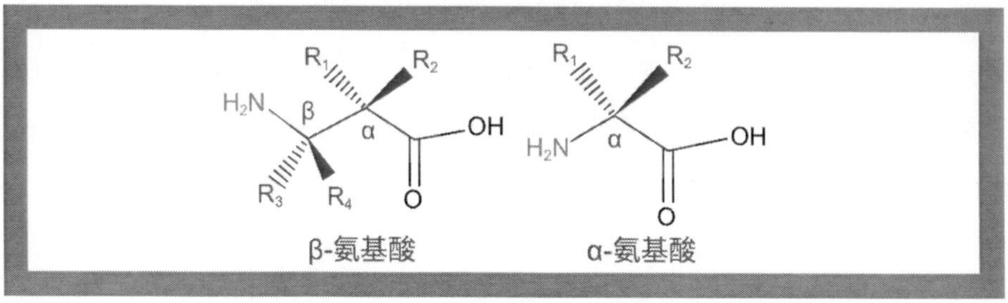

圖 9.28 β- 氨基酸和 α- 氨基酸的結構

生物酶催化方法提供了良好的選擇，透過酶催化合成 β- 氨基酸具有反應條件溫和、環境友善、β 位區域選擇性高等優點。但是對於一些 β-氨基酸的合成，並沒有相應的天然酶能夠催化合成，或者即使能夠催化活性也比較低，遠遠達不到工業化的水準。針對這一現狀，研究者們使用運算設計的方法，希望得到活性較高的催化合成 β- 氨基酸的非天然合成酶。某一微生物研究所的團隊，針對脂肪族氨基酸、極性氨基酸和芳香氨基酸等目的產物（圖 9.29），採用運算酶設計和分子動力學模擬方法，對一種天然酶 —— 天冬氨酸裂解酶 AspB 進行再設計，將該酶改造成能夠催化不對稱胺加成反應的酶，合成了多種 β- 氨基酸，並且區域選擇性和立體選擇性達到了 99%。

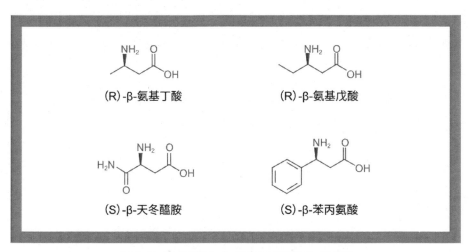

（R）-β-氨基丁酸

（R）-β-氨基戊酸

（S）-β-天冬醯胺

（S）-β-苯丙氨酸

圖 9.29 人工酶催化合成的多種重要 β- 氨基酸

研究團隊首先建立了天然酶 AspB 和其天然底物天冬氨酸（該酶催化的天然反應如圖 9.30）的活性位點模型，如圖 9.31 所示，直白點理解就是底物天冬氨酸和酶 AspB 相關氨基酸殘基形成的氫鍵網絡。比如圖中天冬氨酸的氨基與 AspB 的蘇氨酸（Thr101）、組氨酸（His188）和天冬

醯胺（Asn142）形成氫鍵，羧基和絲氨酸（Ser319）、蘇氨酸（Thr141）等形成氫鍵，以穩定底物分子，以及重要氨基酸提供質子，如圖 9.31 中 S318 的羥基提供質子加成到 β- 碳原子上。

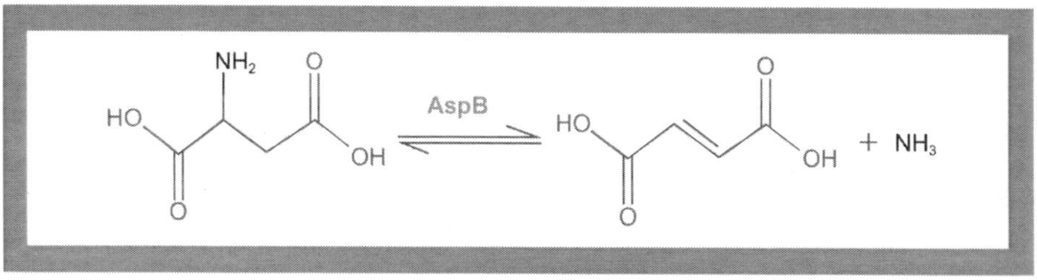

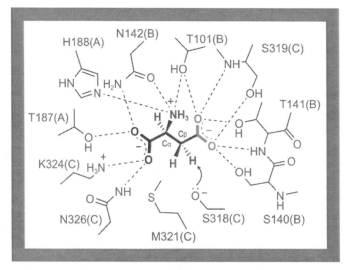

圖 9.30 AspB 催化的天然反應

在弄清楚天然酶的哪些氨基酸會和天然過渡態分子形成氫鍵後，接下來的任務便是將該過渡態換為目標產物對應的過渡態，改造相應部位對應的酶活性口袋。比如目標產物 β- 苯丙氨酸相比於天冬氨酸，只是將天冬氨酸的 α- 羧基換為了苯環，如圖 9.32 所示。

圖 9.31 AspB 和天冬氨酸的活性位點模型

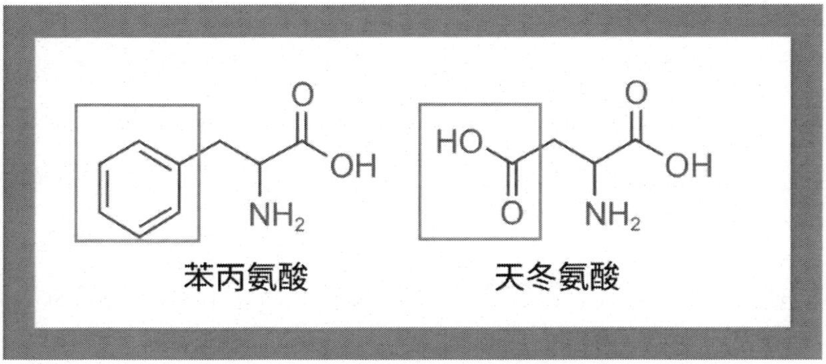

圖 9.32 苯丙氨酸和天冬氨酸的結構對比

那麼我們就要考慮，將一個羧基換為大得多的苯環後，如何才能使酶仍然能夠比較好地容納過渡態小分子。透過把原本容納羧基的氨基酸變為更小的氨基酸，比如將較大的賴氨酸（圖 9.31 中 K324）突變為更小的異亮氨酸（Ile），將羧基對應的結合口袋改造得更大，從而更好地容納苯環。再結合分子動力學模擬和實驗驗證的方法，篩選出了具有催化活性的突變體，實現了自然界所不能催化的反應。儘管得到的催化合成 β-苯丙氨酸反應的酶活性還不是很高，但已經取得了重大的突破。

而另一個目標產物 β- 氨基丁酸的合成，底物巴豆酸的濃度達到了300g/L，反應轉化率和立體選擇性大於 99%，達到了工業應用的級別，已經投入了工業生產，帶來了龐大的收益（圖 9.33）。這是世界上首次透過完全的計算指導，獲得了工業級微生物工程菌株，率先獲得了人工智慧驅動生物製造在工業化應用層面的突破。

（3）提高溶血栓酶效能

近年來，血栓疾病嚴重地威脅著人們的生命健康，因血栓疾病而死亡的人數將近世界總死亡人數的 4 分之 1，且數字呈現上升趨勢。血栓是由於不溶性纖維蛋白、沉積的血小板、積聚的白細胞和陷入的紅細胞

聚整合塊，堵塞血管而形成的。目前治療使用的抗血栓藥可分為抗凝血藥、抗血小板聚集藥和溶血栓藥三大類，溶血栓藥主要包括溶栓藥鏈激酶（SK）、尿激酶（UK）以及納豆激酶（NK）。其中，納豆激酶是一種具有強纖維蛋白降解活性的絲氨酸蛋白酶，由多種宿主菌產生，能改善血液黏度，可增加血管彈性。納豆激酶是最有效的一種溶血栓藥，其溶栓活性是纖溶酶的 4 倍，溶栓速度是尿激酶的 19 倍之多。納豆激酶與其他纖溶酶相比，具有無副作用、成本低、壽命長等優點。但是，納豆激酶能否成為新一代的溶栓藥取決於其活性和穩定性的提高。

運用人工酶設計的方法，可以對納豆激酶這種蛋白質分子進行改造。比如，透過在電腦上建立物理化學模型，計算納豆激酶表面電荷與電荷之間的相互作用，從中篩選出酶穩定性有提高的突變體。另外，在蛋白質中脫醯胺的過程將天冬醯胺和麩醯胺酸轉化為帶負電的天冬氨酸和麩胺酸，可能改變蛋白質的結構進而影響酶活。再基於已有的酶和底物複合物的相互作用網絡的研究，可以對酶的活性中心進行改造，透過最佳化模型篩選出活性提高的天冬醯胺和麩醯胺酸變為天冬氨酸和麩胺酸的突變。運用人工酶設計的方式，提升納豆激酶的活性和穩定性，使其成為一種應用前景更加廣泛的抗血栓藥，對於預防和治療血管栓塞性疾病具有重大意義。

對映選擇性／對映異構體：對映選擇性（enantioselectivity，ee）是指反應優先生成一對對映異構體中的某一種，或者是反應優先消耗對映異構體反應物中某一對映體。四個互不相同的原子或基團相連的碳原子稱為手性碳原子，又稱不對稱碳原子。所以含一個手性碳原子的化合物，都有一對互為映象的對映異構體，屬於同分異構體的一種。

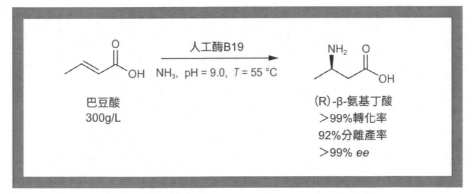

圖 9.33 AspB 的突變體 B19 催化的 β- 氨基丁酸合成反應

9.7
結束語 ....

　　恩格斯（Friedrich Engels）曾經說過「任何一門科學的真正完善在於數學工具的廣泛應用」。21 世紀是生命科學的世紀，而化學是解釋一切生命現象的依據，人工酶設計在電腦上建立生物催化反應的模型，利用電腦強大的運算能力快速搜尋龐大的蛋白質序列空間，透過解最佳化問題得到最理想的氨基酸序列。這是將量子力學，數學統計學等知識應用於化學合成的經典案例，是人類用數學法則指導生命過程的嘗試。

　　現代化工和醫藥的發展要求更準確有效地設計有機反應，人工酶設計基於其廣泛的應用範圍，較低的設計成本，錯綜複雜的學科交叉性，已經成為現代科學皇冠上的明珠。

　　如今，資料驅動的人工智慧技術的發展如火如荼，已有較多團隊將機器學習、深度學習技術用於酶的設計改造，也為酶設計注入了新的活力。酶的智慧化運算設計是未來發展的新趨勢，也是人工酶設計面臨的

新挑戰。期待同學們掌握好這一發展機遇，透過開發具有自主智慧財產權的人工酶設計新技術，解決蛋白質改造領域依賴已開發國家的技術難題，設計出功能多樣的人工酶。相信在攻克未來生命科學難題的道路上，人工酶將會書寫濃墨重彩的一筆！

10

食物之魅：基於化學物質的食物色香味探尋之旅

The Charm of Food: The Exploration Trip of Food Color, Flavor, and Taste Based on Chemical Compounds

10 食物之魅：基於化學物質的食物色香味探尋之旅

The Charm of Food: The Exploration Trip of Food Color, Flavor, and Taste Based on Chemical Compounds

　　色、香、味誘人的美食除了唇齒之間的香氣，還有刺激食慾的色彩和衝擊鼻息的醇香。食物的魅力正是因為它為人的感官系統提供了多重刺激，而這多重的刺激均可以拆解出各式各樣的化學結構，進而可以幫我們將食物的色、香、味用人造的方式保留下來，甚至於重新再現。

　　民以食為天。食物除了維持我們人類生命活動的基本功能外，還為我們帶來了視覺、嗅覺和味覺多方位的享受，展現了無窮的魅力。分子結構多樣的化學物質構成了食物色香味的基礎，而這些提供色香味的化合物的形成離不開各種複雜的化學反應。如今工業化食品在我們的飲食結構中日漸重要。食品工業生產中的保鮮、加工、防腐、增香等都離不開食品添加劑，而化學工程技術是食品添加劑生產以及食品加工的重要基礎。化學與化學工程透過尋找、改造和重組各種分子結構，讓食物更加充滿魅力。未來，食物的尋「魅」之旅將充滿機遇和挑戰，讓我們一起努力，創造更多的人間美味。

　　食物是人類賴以生存的基礎。不過，在生活水準日益提高的今天，人們對食物的要求不再僅僅限於果腹的作用，還希望能帶來享受的愉悅。對於食物，我們大多數已經擺脫了「飢不擇食」的狀態，通常都會堅持「寧缺毋濫」的原則。可見，我們對於食物能給我們帶來愉悅享受的期待要大於其原始的果腹功能，也就是說食物是否具有吸引力成為我們選擇的前提。毫無疑問，我們所追求的色香味也就是食物魅力之所在。那麼食物的色、香、味是怎麼產生的？如何能賦予或增強食物的色香味來提升食品之魅力呢？在提升食品魅力過程中會帶來食品安全問題嗎？讓我們一起來了解與食品魅力有關的化學問題以及相關的技術方法吧。

10.1
食物之魅的化學物質基礎 ....

　　也許你曾經漫步在秋天碩果纍纍的果園，陶醉於綴滿枝頭的紅彤彤的蘋果、黃澄澄的鴨梨、晶瑩剔透的紫葡萄散發出的陣陣芳香，驚嘆於大自然豐富的餽贈；也許你曾出席過饕餮盛宴，琳瑯滿目的美味佳餚讓你克制不住本能的衝動而垂涎欲滴；也許你曾不經意間路過一間香飄四溢的麵包店，令你忍不住突然駐足去捕捉空氣中瀰漫的烘焙的香味；也許你曾因雷雨天氣無奈滯留於機場，但咖啡店中一杯濃郁的咖啡和一份精緻可口的小點心卻讓你意外感受了難得的忙中偷閒的美好時光。在我們充分享受這些美食帶來的視覺、嗅覺和味覺全方位的愉悅時，是否產生了一點好奇？是什麼賦予了食物如此不可抗拒的魅力？我們常說物質是一切的基礎，很顯然，食物的色香味也不例外。那就讓我們首先來了解一下對食物色香味產生貢獻的重要化學物質吧。

▶ 色的化學物質基礎 [1]

　　顏色是食物呈現給我們的最直接的視覺感受，可以相當程度上影響我們的味覺感官和食慾，我們對很多食物味道的判定都受到了顏色的影響。比如在炎熱的夏天，我們對「果味顏色」的抵抗力尤其低，許多食品廠商正是利用了這一點，讓夏日甜品的顏色更加鮮亮。對於五顏六色的冰涼夏日特飲，還有人做過一項有趣的實驗：如果飲料或甜品裡加入淡淡的粉紅色，品嘗者會覺得有顏色的比無色的味道更好，感覺甜度會增加 2% ～ 10%。顏色對味道的影響來自於我們過去的經驗和聯想，紅

色容易讓人聯想到「夏天冰涼的西瓜」和「香甜的草莓」；黃色讓人想到「酸酸的檸檬」和「淡淡的橙香」；而綠色則讓人聯想到「清爽的黃瓜」、「薄荷葉」或「清新的奇異果」等。色彩鮮亮的水果、不同顏色食材精心搭配的菜餚，總會給人帶來賞心悅目的享受，大大增進我們的食慾。那這些色彩斑斕的水果、蔬菜的顏色是由什麼化學物質決定的呢？下面我們來了解一下常見的食物顏色吧。

（1）綠色

綠色是安全健康的代名詞，也是蔬菜中最為常見的顏色。眾所周知，植物的綠色是因為葉綠素存在的緣故。高等植物葉綠體中的葉綠素主要有葉綠素 a 和葉綠素 b 兩種（圖 10.1）。

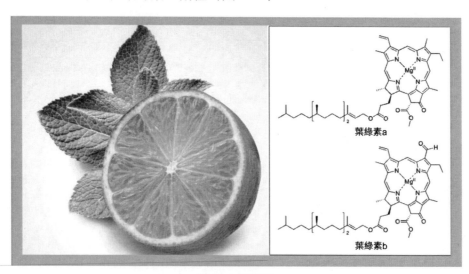

圖 10.1 葉綠素

葉綠素是植物進行光合作用的主要色素，是一類含脂的色素家族。葉綠素吸收大部分的紅光和紫光但反射綠光，所以葉綠素呈現綠色，它在光合作用的光吸收中發揮核心作用。葉綠素為鎂卟啉化合物，包括葉

綠素 a、葉綠素 b、葉綠素 c、葉綠素 d、葉綠素 f 以及原葉綠素和細菌葉綠素等，其中葉綠素 a 存在於所有綠色植物中。葉綠素是由德國化學家維爾施泰特（Richard Martin Willstätter）在 20 世紀初採用了當時最先進的色譜分離法從綠葉中提取的。維爾施泰特經過 10 年的艱苦努力，用成噸的綠葉終於捕捉到了其中的神祕綠色物質 —— 葉綠素。由於成功地提取了葉綠素，維爾施泰特於 1915 年榮獲了諾貝爾化學獎。1960 年美國現代有機合成之父伍華德（Robert Burns Woodward）領導的小組合成了葉綠素 a，因其在有機合成方面的傑出貢獻而榮獲了 1965 年度的諾貝爾化學獎。[3] 葉綠素有造血、提供維生素、解毒、抗病等多種用途。

勞勃‧伯恩斯‧伍華德（Robert Burns Woodward，1917 ～ 1979）

　　1965 年伍華德因在有機合成方面的傑出貢獻而榮獲諾貝爾化學獎。獲獎後他並沒有因為功成名就而停止工作，而是向著更艱鉅複雜的化學合成方向前進。他組織了 14 個國家的 110 位化學家，協同突破瓶頸。經過 10 年努力，終於完成了維生素 B_{12} 的人工合成，1973 年發表的維生素 B_{12} 合成成為化學領域的里程碑。他還和學生兼助手霍夫曼（Roald Hoffmann）一起，提出了分子軌道對稱守恆原理，霍夫曼因此獲得了 1981 年諾貝爾化學獎。伍華德於 1979 年去世，而諾貝爾獎不頒授給已去世的科學家。學術界認為，如果伍華德 1981 年還健在的話，他必會分享該年度獎項，那樣他將成為少數再次獲得諾貝爾獎獎金的科學家之一。

（2）紅、橙、黃色

　　除最為常見的綠色外，紅、橙、黃這幾種鮮豔明快的色調在日常果蔬中也很常見。如紅辣椒、番茄、西瓜、番石榴、葡萄柚，橙色的胡蘿

葡、南瓜、柑橘類，黃色的玉米等。這些色澤亮麗的紅、橙、黃色食物為我們的飲食帶來勃勃生機。而這些紅、橙、黃色都與一大類色素，即類胡蘿蔔素有關。

類胡蘿蔔素是胡蘿蔔素和其氧化衍生物葉黃素兩大類色素的總稱，是一種普遍存在於動物、高等植物、真菌、藻類和細菌中的黃色、橙紅色或紅色的色素。到目前為止，已經發現了 600 多種天然類胡蘿蔔素。常見的類胡蘿蔔素主要包括 β- 胡蘿蔔素、α- 胡蘿蔔素、番茄紅素、β-隱黃質、葉黃素、角黃素和蝦青素等。類胡蘿蔔素屬於異戊二烯類化合物，含有一系列共軛雙鍵和甲基支鏈，一般是由兩個分子的雙香葉基雙磷酸尾尾連線構成，其基本結構骨架是由 40 個碳原子組成，含有很多的共軛雙鍵，故吸光性很強，在 400 ～ 500nm 範圍內有較強吸收，呈現出紅、橙、黃色。

紅辣椒的顯色物質主要是辣椒紅色素。辣椒紅色素是存在於辣椒中的類胡蘿蔔素類色素，占辣椒果皮的 0.2% ～ 0.5%。在辣椒中分離出的類胡蘿蔔素有 50 多種，其中已鑑別出 30 多種。研究顯示，辣椒紅色素最主要的成分是辣椒紅素、辣椒玉紅素（圖 10.2）。

番茄紅素，又稱茄紅素，是令番茄呈紅色的色素（圖 10.2）。西瓜、葡萄柚、番石榴等水果中也含有番茄紅素，但它們的番茄紅素含量不及番茄高。番茄紅素是食物中的一種天然色素成分，在化學結構上屬於類胡蘿蔔素，是維生素 A 的一種。番茄成熟時，番茄紅素會將整個果實轉變成紅色。番茄紅素是一種抗氧化劑，可以清除危害人體的自由基，預防細胞受損、修補受損的細胞。

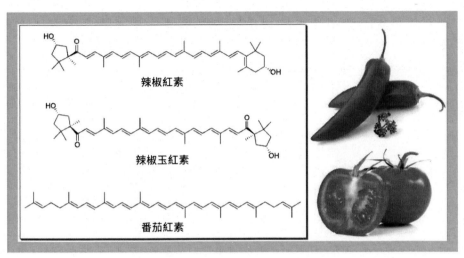

圖 10.2 辣椒紅素和番茄紅素

　　胡蘿蔔、南瓜的橙色則是因為大量 β- 胡蘿蔔素存在的緣故（圖 10.3）。β- 胡蘿蔔素由 4 個異戊二烯雙鍵首尾相連而成，屬四萜類化合物，在分子的兩端各有 1 個 β- 紫羅酮環，中心斷裂可產生 2 個維生素 A 分子，有多個雙鍵，且雙鍵之間共軛。β- 胡蘿蔔素分子具有長的共軛雙鍵生色團，因而具有光吸收的性質，使其顯黃色。β- 胡蘿蔔素主要有全反式、9- 順式、13- 順式及 15- 順式 4 種形式，共 20 餘種異構體。β- 胡蘿蔔素在植物中大量地存在，令水果和蔬菜擁有了飽滿的黃色和橘色。在龐大的類胡蘿蔔素家族中，有一小部分（如 β- 胡蘿蔔素）會在人體內轉換為具有重要生理功能的維生素 A，對上皮組織的生長分化、維持正常視覺、促進骨骼的發育具有重要生理功能。而 β- 胡蘿蔔素在胡蘿蔔素中分布最廣，含量最多。由甜橙可提取到的天然柑橘黃色素，其中的類胡蘿蔔素主要成分為 7，8- 二氫 -γ- 胡蘿蔔素，常用於麵包、糕點、飲料等食品的著色。而黃色玉米中則含有玉米黃色素，是以 β- 胡蘿蔔素、玉

米黃素（3，3- 二羥基 -β- 胡蘿蔔素）、隱黃素（3- 羥基 -β- 胡蘿蔔素）、葉黃素（3，3- 二羥基 -α- 胡蘿蔔素）為主要成分的類胡蘿蔔素的混合物。

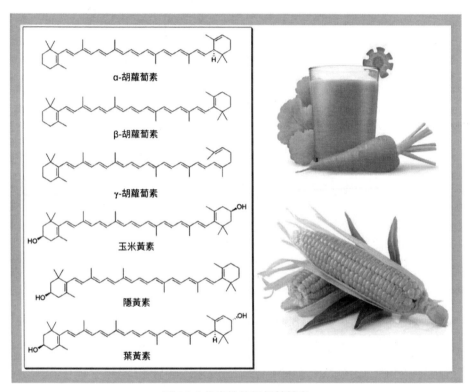

α-胡蘿蔔素

β-胡蘿蔔素

γ-胡蘿蔔素

玉米黃素

隱黃素

葉黃素

圖 10.3 代表性的類胡蘿蔔素

　　一些動物源食物也會呈現紅橙黃這樣的顏色。肉質是粉紅色的魚類（尤其是鮭魚和鱒魚）含有較多的蝦青素或角黃素。無脊椎動物，如蝦、龍蝦和其他甲殼類動物及軟體動物的殼中都含有很高含量的類胡蘿蔔素。甲殼類動物中的蝦青素一般是以類胡蘿蔔素蛋白複合體的形式存在並呈藍灰色，但烹飪之後，這些紅色的類胡蘿蔔素可以游離出來並顯現紅色。在魚卵及雞蛋黃中也含有相當多的類胡蘿蔔素。

（3）藍、紫色

藍、紫色的食物在我們日常生活中也相當常見，像藍莓、葡萄、紫高麗菜、茄子、紫薯、桑葚等。這些食物呈藍紫色主要是因為含有較多的糖苷衍生物花青素造成的（圖10.4）。

一般自然條件下游離的花青素極少見，常與一個或多個葡萄糖、鼠李糖、半乳糖、木糖、阿拉伯糖等透過糖苷鍵形成花色素，花色素中的糖苷基和羥基還可以與一個或幾個分子的芳香酸或脂肪酸透過酯鍵形成酸基化的花色素。花青素分子中存在高度共軛體系，含有酸性與鹼性基團，易溶於水、甲醇、乙醇、稀鹼、稀酸等極性溶劑中。在紫外線與可見光區域均具較強吸收，紫外線區最大吸收波長在280nm附近，可見光區域最大吸收波長在500～550nm範圍內。花青素類物質的顏色隨pH值變化而變化，pH = 7呈紅色，pH = 7～8時呈紫色，pH > 11時呈藍色。

圖10.4 藍紫色代表性化合物

▶ 香的化學物質基礎 [4]

食物中的揮發性成分決定了食物的香氣特徵。食物中的揮發性成分是一個數量非常龐大的群體，目前已經檢測到的成分達到 7,000 多種。食用調香師將食品風味劃分為 16 種關鍵的風味，建立了傳統的風味輪（圖 10.5）。下面我們就根據傳統風味輪對風味的分類來認識一些對食物香氣有非常重要貢獻的代表性化合物。

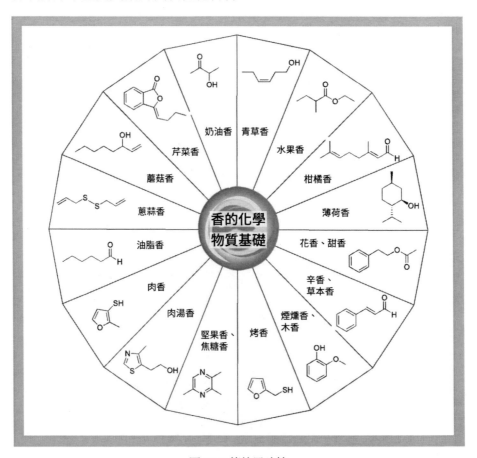

圖 10.5 傳統風味輪

在下面的內容中我們會頻繁涉及香氣閾值這一術語，因此讓我們首先了解一下這一概念。所謂香氣閾值是指香料物質聞不到香氣時的最小濃度，其反映了香氣強度的大小。閾值的測定可以在不同的介質中進行，包括空氣、水、丙二醇等。閾值越小，表示香氣越強；閾值越大，表示香氣越弱。食物揮發性成分對香氣的貢獻與其含量並沒有絕對的正比關係，主要還是取決於該成分的香氣閾值。

（1）水果香

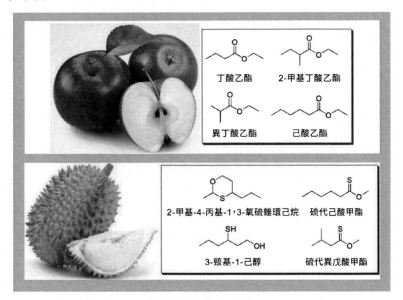

圖 10.6 水果香化合物

蘋果、梨、桃子等各種水果成熟後都會散發出誘人的果香味。水果香代表性化合物當屬各種酯類的化合物（圖 10.6）。一些水果香的酯類化合物呈現出非常低的閾值，如丁酸乙酯（1ppb）（注：ppb 為濃度單位，十億分比濃度，下同）、異丁酸乙酯（0.1ppb）、2- 甲基丁酸乙酯（0.1ppb）、己酸乙酯（1 ～ 2ppb）等。

很多人對熱帶水果榴槤情有獨鍾，有人則因其特有的氣味對其深惡痛絕。榴槤獨特的氣味其實是因為含有一些香氣很強的含硫化合物的緣故，代表性的含硫揮發性成分包括 2- 甲基 -4- 丙基 -1，3- 氧硫雜環己烷（約3ppb）、3- 巰基 -1- 己醇、硫代己酸甲酯和硫代異戊酸甲酯等（圖 10.6）。

（2）薄荷香

大多數人對薄荷香味的印象應該來自於薄荷味的口香糖，其淡淡的薄荷香氣和清涼的口感使我們的口氣倍感清新。而這種清涼和薄荷香氣的感受來源於一種名為薄荷醇的化合物，化學名稱為 1- 甲基 -4- 異丙基 -3- 環己醇（圖 10.7）。該化合物大量天然存在於植物薄荷中，天然提取的薄荷醇是市售產品的主要來源之一。

圖 10.7 薄荷香代表性化合物

酯類化合物通常具有果香或是花香，事實上，植物體內產生的酯類物質是作為引誘劑使用的。1962年加拿大研究者伯赫（Boch）與鄧肯‧希勒發現具有香蕉香甜氣味的乙酸異戊酯是蜜蜂費洛蒙的主要成分。因此如果將乙酸異戊酯灑在身上，刻意靠近蜂巢附近，將會面臨被蜂群攻擊的極大危險。

（3）花香、甜香

鮮花餅是中國雲南地區特色點心的代表，其特有的花香、甜香賦予了其獨特的魅力。乙酸苯乙酯是這類香氣中一個非常具有代表性的化合物（圖10.8），其呈現特徵的玫瑰香氣，又帶有些許蜂蜜的韻味，同時還具有類似覆盆子的甜的水果味道。

圖10.8 花香、甜香代表性化合物

（4）辛香、草本香

辛香料用於食物烹飪有著非常久遠的歷史，賦予食物豐富的風味和口感。比如桂皮就是我們廚房裡必不可少的燉肉調味料，其具有非常特徵的辛香，而這種辛香來源於一種名為 3- 苯基丙烯醛的化合物，因其大量存在於桂皮中所以又稱為「肉桂醛」。在這類香型的化合物中值得一提的還有 trans-2- 十二烯醛，其為芫荽的特徵香氣成分，具有非常持久的脂香－柑橘香－草本樣的香氣（圖 10.9）。

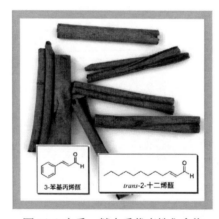

圖 10.9 辛香、草本香代表性化合物

（5）烤香

香油是傳統烹調的調味品，其特徵的芝麻香味非常容易辨識。而咖啡近些年也成為很多人喜愛的飲品，因為其特有的濃郁香味。不管是香油還是咖啡，都含有非常重要的一種揮發性成分糠硫醇，它是烤香味的代表性化合物，其閾值很低，只有 0.005ppb，當它濃度很低時（0.01 ～ 0.5ppb）呈現烤香－咖啡香。糠硫醇的二硫醚類衍生物，如二糠基二硫醚、甲基糠基二硫醚也是重要的烤香味的化合物，後者呈現出摩卡咖啡特徵的愉悅的甜咖啡香味（圖 10.10）。

（6）肉香

除了堅定的素食主義者，很少能有人抗拒肉香味的誘惑。我們所喜愛的肉香味主要源自於各種含硫的化合物。其中最重要的要數化合物 2-甲基 -3- 呋喃硫醇，這是迄今為止發現的最為重要的肉香味化合物。由其衍生的一些硫醚類的化合物，如二（2- 甲基 -3- 呋喃基）二硫醚、甲基 2-甲基 -3- 呋喃基二硫醚、甲基 2- 甲基 -3- 呋喃基硫醚等也對肉香味有重要貢獻（圖 10.11）。

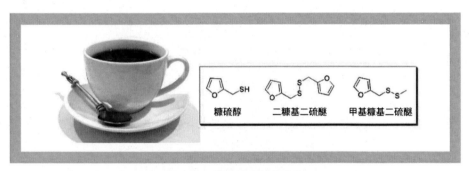

圖 10.10 烤香代表性化合物

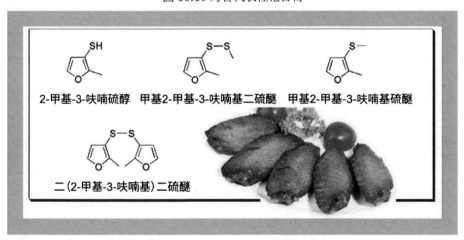

圖 10.11 肉香味代表性的含硫香料化合物

（7）油脂香

　　油炸食物濃郁的脂香可能是很多美食愛好者欲罷不能的主要原因之一。脂肪醛類化合物是脂香味的主要來源，如 trans-2- 壬烯醛和 trans-2-trans-4- 癸二烯醛就是其中的兩個非常具有代表性的化合物，後者具有特徵的雞脂香氣，閾值很低，只有 0.7ppb（圖 10.12）。另外一個很特別的脂香化合物為 12- 甲基十三碳醛，其具有燉牛肉典型的脂香。

圖 10.12 油脂香代表性化合物

（8）蔥蒜香

　　蔥蒜是我們烹飪中不可缺少的佐料，由其賦予菜餚的香味可大大增進我們的食慾。蔥蒜的特徵香味成分主要是各種含硫的化合物。如大蒜中富含烯丙基的含硫化合物（圖 10.13）。英文中的烯丙基（Allyl）實際上源自於蒜的拉丁名 allium sativum。大蒜精油的最主要成分為烯丙基二硫醚，此外烯丙基硫醇、烯丙基三硫醚、烯丙基丙基二硫醚也有存在。烯丙基甲基二硫醚非常刺鼻，我們常常忍受不了吃蒜者散發出的口氣，就是因為該化合物存在的緣故。

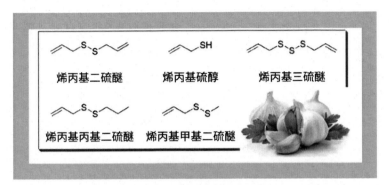

圖 10.13 大蒜中代表性的含硫香料化合物

　　與大蒜類似，洋蔥也含有大量的含硫化合物，但是這些化合物一般為飽和的化合物（圖 10.14），如甲基丙基硫醚、二硫醚以及三硫醚，二丙基二硫醚和三硫醚等。與大蒜中烯丙基類含硫化合物相比，它們更為柔和，具有甜的氣息。最近在洋蔥中發現了兩個新的香氣很強的硫醇類化合物，即 3- 巰基 -2- 甲基 -1- 戊醇和 3- 巰基 -2- 甲基戊醛，前者具有洋蔥、韭菜氣息，香氣閾值為 0.15μg/kg，後者更刺鼻，具有肉香味，香氣閾值為 0.95μg/kg。

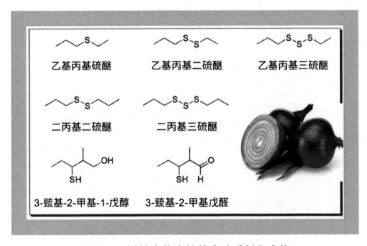

圖 10.14 洋蔥中代表性的含硫香料化合物

（9）蘑菇香

蘑菇是一類非常重要的菌類食材。蘑菇的氣味大家一定不會陌生，那種特徵的土腥味很容易辨識。蘑菇香氣最特徵的成分為 1- 辛烯 -3- 醇（圖 10.15）。

圖 10.15 蘑菇香代表性化合物

（10）奶油香

可能大多數人去電影院都有買一桶爆米花的習慣，而爆米花的香味似乎已然成了電影院的象徵。爆米花的特徵香味成分是由一種名為 3- 羥基 -2- 丁酮的化合物提供的，俗名又叫乙偶姻（圖 10.16）。

圖 10.16 奶油香代表性化合物

▶ 味的化學物質基礎[5]

　　食物給我們帶來了豐富的味覺體驗，人們也喜歡用酸甜苦辣一詞來形容人間冷暖、世態炎涼，實際上基本的味道可以分為六種：酸、甜、苦、辣、鹹、鮮。眾所周知「鹹」味是由氯化鈉這種化合物提供的，而對於其他五種，可能很多人並不是太清楚其來源。下面我們就來認識一下產生酸、甜、苦、辣、鮮這五種味道的一些重要化合物。

（1）酸

　　在我們日常對味道的分類描述中，酸味位居幾種基本味道之首，或許跟其帶來的爽快刺激、特徵分明的味覺感受有關。自然界中酸味的食物很多，如檸檬、葡萄、山楂、青蘋果等，還有醃漬的酸菜、烹飪用的食醋、優格等也呈現酸味。這些食物一般都含有各種有機酸（圖 10.17），由有機酸提供的氫離子引起的味覺感受就是酸味。我們最熟悉的酸味化合物當屬食醋的主要成分乙酸，又名醋酸；檸檬的酸味則是由檸檬酸這種化合物產生；青蘋果的酸味主要因為蘋果酸含量較高的緣故；葡萄與一般水果不同，含有較多的酒石酸；優格的酸味則是由乳酸提供的。

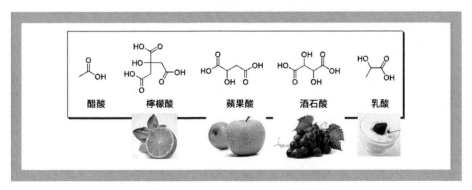

圖 10.17 代表性的酸味化合物

（2）甜

在六種基本味道中，甜味象徵了美好的寓意，是很受歡迎的味道之一。甜味物質很多，如天然的葡萄糖、果糖、蔗糖、麥芽糖和乳糖等糖類物質，它們也是重要的營養素的來源。還有一類甜味物質，用於賦予食品甜味，稱為甜味劑。甜味劑按來源可分為天然的和人工合成的兩大類。天然甜味劑又分為糖和糖的衍生物，以及非糖天然甜味劑。通常所說的甜味劑是指人工合成甜味劑、糖醇類甜味劑和非糖天然甜味劑。

甜味的強弱可以用相對甜度來表示，它是甜味劑的重要指標，通常以 2% 的蔗糖水溶液為標準，在 20℃ 與同濃度的其他甜味劑溶液進行比較，得到相對甜度。

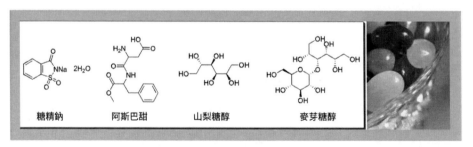

圖 10.18 人工合成甜味劑的代表性化合物

人工合成的甜味劑（圖 10.18）中使用最多的是糖精（糖精鈉），其甜度約為蔗糖的 300 倍。其安全性一度受到質疑，但充分研究顯示糖精無誘變毒性。此外，最近合成的天冬氨醯苯丙氨酸甲酯，又名阿斯巴甜，甜度為蔗糖的 150 ～ 200 倍，安全性高（但不適於苯丙酮尿症患者），已被許多國家批准使用。糖醇類甜味劑應用較多的是山梨糖醇和麥芽糖醇。非糖天然甜味劑目前應用較多的是甘草酸苷和甜菊苷。前者如甘草酸二鈉，甜度為蔗糖的 200 倍；後者甜度約為蔗糖的 300 倍。非糖

類甜味劑甜度很高，用量少，熱值很小，多不參與代謝過程，常稱為非營養性或低熱值甜味劑，適於糖尿病、肥胖症患者。

> 人工合成甜味劑阿斯巴甜的甜度約是蔗糖的 200 倍，其發現過程非常意外。1965 年美國 Searle 製藥公司化學家詹姆斯・M・施萊特（James M. Schlatter）正在研究一種抑制潰瘍藥物的合成。一天工作結束後回家，吃飯的時候覺得什麼都是甜的，最後發現味道來自自己的手。於是他回到實驗室嘗了一些藥品後，發現了阿斯巴甜。

（3）苦

在六種基本味道中，苦味最不受歡迎。儘管如此，有時候苦味也別有一番滋味。炎熱夏季一罐冰爽的啤酒，寒冷冬日裡的一杯熱氣騰騰的茶，皆因其若隱若現的苦味而韻味十足。食物中的天然苦味化合物種類較多，植物來源的主要是生物鹼、萜類、糖苷類等，動物來源的膽汁中的主要苦味成分是膽酸、鵝膽酸和脫氧膽酸。

茶葉中的苦味主要是因為兒茶素類和咖啡因的存在。兒茶素類俗稱茶單寧，是茶葉特有成分，具有苦、澀味及收斂性；而帶有苦味的咖啡因是構成茶湯滋味的重要成分。在茶湯中兒茶素類可與咖啡因結合，緩和咖啡因對人體的生理作用。

而咖啡的苦味在很長的一段時間裡被認為是咖啡因造成的。直至 2007 年德國的食品化學家托馬斯・霍夫曼（Thomas Hofmann）在美國波士頓舉行的美國化學學會大會上宣布，實驗證明，咖啡中只有約 15% 的苦澀成分來自咖啡因，而綠原酸內酯和苯基林丹兩種物質才是咖啡苦味的主要來源（圖 10.19）。這兩種物質是在咖啡豆烘焙的過程中產生的，咖啡豆中的綠原酸（幾乎存在於所有植物中）首先被分解成綠原酸

內酯，如果烘烤繼續進行，綠原酸內酯又會分解成苯基林丹。在輕度和中度烘烤程度的咖啡中，只會生成綠原酸內酯，其具有溫和的苦味；但是，如果咖啡豆烘烤時間比較長，內酯的二次分解產物苯基林丹就會產生濃烈的苦味。

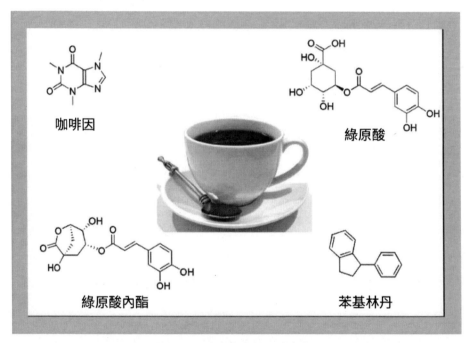

圖 10.19 咖啡中的苦味化合物

啤酒的苦味則是由啤酒製作原料之一啤酒花帶來的。啤酒花是多年生草本蔓性植物，主要含有苦味成分 α- 酸，它賦予啤酒特殊的清香味和適口的苦味，並有利於啤酒的泡沫永續性。

談到苦味，我們不能不提苦瓜。苦瓜因其清暑瀉火、潤脾補腎、清心明目等保健功能而受到很多養生愛好者的青睞。苦瓜的苦味是由兩種物質引起的，一種是瓜類植物特有的葫蘆素，主要是以糖苷的形式存在

於瓜中；另一種物質叫野黃瓜汁酶。如果這兩種物質同時存在，瓜就會出現苦味。而像西瓜和南瓜等雖然含有葫蘆素，但它們沒有野黃瓜汁酶，所以一點苦味也沒有。

（4）辣

　　辣味食品擁有規模龐大的美食愛好者，各種以辣味為特色的餐廳在街頭巷尾比比皆是。美食愛好者最是喜歡辣味帶來的那種酣暢淋漓、欲罷不能的感覺。那麼辣椒的辣味究竟是由什麼化合物產生的呢？

　　有關辣椒辣味的研究至今已有 100 多年的歷史，辣味成分已經得以分離鑑定。產生辣味的成分主要包括辣椒素〔N-（4- 羥基 -3- 甲氧基苄基）-8- 甲基 -trans-6- 壬烯醯胺〕及其同系物，這類物質統稱為辣椒素，通常辣椒素和二氫辣椒素的含量占90% 以上（圖 10.20）。辣椒的辣味強度用辣度表示。辣度的測量方法是在 1912 年由美國藥劑師威爾伯‧史高維爾（Wilbur Scoville）建立的。該方法將辣椒以糖水稀釋，直至舌尖感受不到辣味時所需糖水的倍數即為辣度，單位是史高維爾單位（Scoville Units）。全世界自然生長的辣椒中最辣的辣椒為哈瓦那辣椒（Habanero），其辣度為 20 萬～ 30 萬個 Scoville Units；而甜椒通常沒有辣味，辣度則為 0。

　　另外，喜歡日本料理的朋友一定對芥末的辣味體會深刻。我們知道芥末和辣椒的辣味完全是兩種不同的感受，辣椒的辣展現在口腔，而芥末則是在鼻腔。實際上芥末的辣味是由一種名為異硫氰酸烯丙酯化合物產生的（圖 10.20），它完全不同於辣椒素的結構。可見不同的化學物質決定了辣椒和芥末兩種不同的辣味感受。

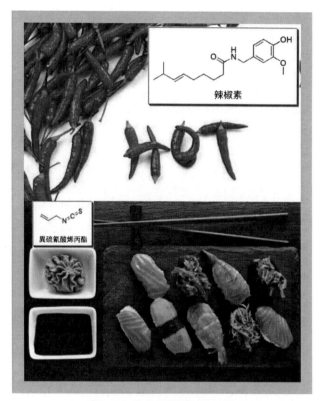

圖 10.20 代表性的辣味化合物

（5）鮮

　　相比其他五種基本味道而言，鮮味給人最為抽象的印象。比如一個六歲的孩童興許能輕鬆對食物做出酸甜苦辣鹹的評價，但卻基本不會使用「鮮」進行描述。那麼鮮味究竟是一種什麼樣的味道呢？鮮味其實是蛋白質的訊號，含蛋白質多的食物通常會帶來鮮味，比如肉、肉湯、魚、魚湯、蝦蟹類、貝類等。產生鮮味的成分包括氨基酸、含氮化合物、有機酸等。

　　大家都知道在烹飪過程中使用味精可以增加菜餚的鮮味。味精則是

鮮味物質的一個非常具有代表性的化合物，是人體所需的基本氨基酸之一麩胺酸的單鈉鹽（圖 10.21）。它是在 1907 年由日本東京帝國大學的研究員池田菊苗在海帶中發現的。味精透過刺激舌頭味蕾上特定的味覺受體帶來特定的味覺感受，這種味覺被日本人定義為「umami」，即「鮮味」。

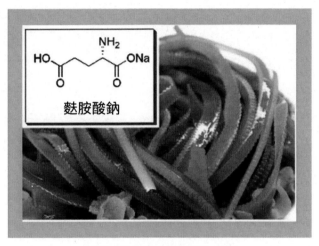

圖 10.21 代表性的鮮味化合物

10.2
食物之魅的化學反應基礎 [6]

　　在第一節中我們了解了食物的色香味來源於各種化學物質，而這些化學物質的產生離不開各種化學反應。美食是一種藝術，也是一種科學。《美國廚房實驗》（*America's Test Kitchen*）節目的編輯總監傑克‧畢曉普（Jack Bishop）說過：做飯就是化學和物理實驗，唯一的例外就是你要把你的實驗產物吃掉。下面我們就來了解一下在我們日常烹飪過程中對食物的色香味產生重要貢獻的化學反應。

　　愛做菜的朋友可能都會有一些小竅門，如在紅燒肉裡放點糖，燉肉時就會肉香四溢；在烤肉上刷點蜂蜜，烤出來就又脆又香。這些食物的共同特點是釋放出獨特的香味，且在製作過程中會「變棕色」。很多人認為烤肉和牛排的棕色是來自於醬油等調料，而烤麵包，烘焙咖啡的棕色是因為烤焦了。其實不然，這些食物的棕色和獨特香味都歸功於「糖」。糖在食物的烹飪過程中可以發生一系列的「棕色反應」，包括梅納反應（Maillard reaction）和焦糖化反應（caramelization）。

　　梅納反應指在烹飪過程中的還原糖（食物本身所含的糖或在烹飪中加入的糖）與食材中的氨基酸發生了一系列複雜的反應。在反應的過程中，生成並釋放出成百上千個具有不同氣味的中間體分子及棕黑色的大分子物質（類黑精或擬黑素）。該反應是 1912 年法國化學家馬亞爾（Maillard）發現的，迄今已經有一百多年的歷史。當時馬亞爾發現甘氨酸與葡萄糖混合加熱時形成褐色的物質，後來人們發現這類反應不僅影響食品的顏色，而且對其香味也有重要作用，並將此反應稱為非酶褐變反應（nonenzymatic browning）。梅納反應因此享有「最美味的化學反應」的稱譽（圖 10.22）。

　　1953 年美國化學家霍奇（J. E. Hodge）對梅納反應的機理提出了系統的解釋，整個反應過程大致可以分為三階段：起始階段的糖－氨縮合反應和 Amadori 重排，中間階段糖的脫水反應、裂解反應、氨基酸的降解反應，以及最終階段的羥醛縮合反應和醛－氨縮合反應。反應體系中透過不同途徑形成的含羰基的化合物，尤其是醛類化合物，很容易和體系中的胺類化合物發生反應，形成顏色很深的結構複雜的高分子化合物，這類化合物統稱為「類黑精」（melanoidins）。同時還伴有眾多的雜環類化合物產生，如吡啶類、吡嗪類、吡咯、咪唑等，以及一些含

硫的揮發性成分。正是這些顏色很深的高分子化合物以及複雜的揮發性含硫、雜環類、醛酮類化合物為食物提供了誘人的色澤和可口怡人的風味。

路易・卡米耶・馬亞爾（Louis-Camille Maillard，1878 ～ 1936）

　　法國醫生、化學家，致力於研究蛋白質的合成。他發現在加熱條件下，建構蛋白質的基本單元氨基酸會與很多種糖分子發生反應。1912 年，他將這一研究結果正式發表，即為大眾所熟知的梅納反應。由於幾乎每種被烹飪的食材中都含有氨基酸和簡單的碳水化合物，所以可以說這個反應就發生在每家每戶的廚房與灶臺上。

　　很多人認為紅燒肉中加入的醬油給紅燒肉帶來了香味，但它並不是肉香的主要來源。在梅納反應過程中，肉裡的氨基酸和糖類反應，生成了包括還原酮、酯、醛和雜環化合物等揮發物，這才是讓我們垂涎欲滴的肉香的根源。這些釋放出來的一系列化合物有各自獨特的味道，我們聞到和嘗到的「肉香」，其實就是這些味道分子的不同組合。

　　除了肉類，麵點類也有梅納反應，烤過的麵包聞上去就會很香。如果你在麵包表面刷薄薄一層蜂蜜，或者塗上花生醬再烤，麵包的味道就會更好。加入的油漆除了本身帶有香味，也促進了更多更快的梅納反應發生，讓麵包的味道大為更新。另外，梅納反應的最佳反應溫度是140 ～ 165°C，在這個溫度範圍內烤出來的麵包和肉就會散發出特殊的誘人香味。

　　「炒糖色」是另一種跟隨著梅納反應之後發生的第二步棕色反應 —— 焦糖化反應，它和梅納反應的主要區別是：焦糖化靠糖和水就能完成，沒有氨基酸的參與。而焦糖化反應一般發生在 170°C 的條件下，

通常是跟隨著梅納反應發生。我們常說的「炒糖色」就是在炒菜時先加入水和糖，等糖水變得冒泡、顏色變深且黏稠時再放肉，這樣整道菜會產生一種獨特的、類似堅果味的特殊香味。這種香味來自於焦糖化反應過程中產生的揮發物。除此之外，焦糖化還增加了糖的黏度和可塑性，讓菜品看上去更加光潤漂亮。糖葫蘆、巧克力、焦糖布丁、煉乳和太妃糖也用到了焦糖化。在製作糖葫蘆的過程中，水可以使糖類加熱得更為均勻，防止燒焦，也能促進焦糖化反應較快發生。法式焦糖布丁上面的一層又香又脆又甜的糖皮，也是甜點師傅用酒精噴槍迅速融化布丁表面的一層砂糖，促進其焦糖化形成的。

圖 10.22 梅納反應

10.3
食物之魅與食品添加劑 ·······························

　　在生活節奏日益加快的工業化社會，食品加工逐漸完成了從廚房烹飪到工業化加工的轉變，加工食品日漸成為我們日常食物的重要來源。閉上眼睛，我們能清晰地想像出可口可樂、洋芋片、餅乾、蛋糕、麵包和火腿腸的味道。而這些加工食品的風味，都是利用調味品設計生產的各種產品，它們既能增強食品的鮮味、濃厚感，延長後味，又能增強各種味道的協調性。據報導，在美國這樣高度工業化的國家，調味品公司和食品公司之間的年交易額可達到上百億美元。調味品公司的主要產品就是我們近幾年非常關注的食品添加劑。食品添加劑是指為改善食品品質和色、香、味以及因為防腐、保鮮和加工工藝的需求而加入食品中的人工合成或者天然物質。很多加工食品的色香味離不開食品添加劑，這是提升加工食品色香味的重要技術方法，因此食品添加劑被譽為現代食品工業的靈魂。

▶ 食品添加劑的主要作用

　　目前食品添加劑有 2,000 多個品種。按功能可分為 23 個類別，包括酸度調節劑、抗結劑、消泡劑、抗氧化劑、漂白劑、膨鬆劑、著色劑、護色劑、酶製劑、增味劑、營養強化劑、防腐劑、甜味劑、增稠劑、香料、香精、乳化劑、凝固劑、膠姆糖基礎劑、水分保持劑、穩定劑、麵粉處理劑和被膜劑。食品添加劑主要作用包括：改善感官、防止變質、保持營養、方便加工等。下面我們根據食品添加劑的主要作用來認識一下食品添加劑。

（1）改善感官

　　從食品添加劑的定義我們可以看出其主要的作用之一便是改善食品的感官特性，增加食物的魅力。在 23 個類別的食品添加劑中，發揮著改善感官作用的包括 9 個類別。

　　與食物色澤有關的新增劑包括著色劑、護色劑和漂白劑。著色劑又稱食品色素，是以食品著色為主要目的，賦予食品色澤和改善食品色澤的物質。護色劑也稱發色劑、呈色劑或助色劑。漂白劑是指能夠破壞或者抑制食品色澤形成因素，使其色澤褪去或者避免食品褐變的一類新增劑。與食物香氣有關的新增劑包括食用香料和食用香精。食用香料通常指能夠用於調配食用香精，並增強食品香味的單一物質；食用香精則是一種能夠賦予食品香味的混合物。與食物味道和口感有關的新增劑包括甜味劑、增味劑、酸度調節劑和膠姆糖基礎劑。甜味劑是賦予食品以甜味的物質。增味劑就是我們常說的鮮味劑，它是補充或增強食品原有風味的物質。酸度調節劑是用以維持或改變食品酸鹼度的物質。膠姆糖基礎劑是賦予口香糖和泡泡糖等膠姆糖起泡、增塑、耐咀嚼的物質。

（2）防止變質

　　食品添加劑在食物的防腐保鮮保質中也發揮著重要的作用，如抗氧化劑、防腐劑、穩定劑、抗結劑和被膜劑等都具有這類作用。

　　氧化作用是食品加工和保藏中所遇到的最為普遍的變質現象之一。食品被氧化後，不僅色、香、味等方面會發生不良的變化，還可能產生有毒有害物質。為防止因氧化引起的食品變質，某些標準規定可在食品中新增少量的可造成延遲或阻礙氧化作用的物質，這些物質就是抗氧化

劑。防腐劑是指一類加入食品中能防止或延緩食品腐敗的食品添加劑，其本質是具有抑制微生物增殖或殺死微生物的一類化合物，又稱為保藏劑。食品中的成分比較複雜，很多食品在加工和貯存過程中發生了形態上的變化。穩定劑就是使食品結構穩定，增強食品黏性固形物的一類新增劑。抗結劑又稱抗結塊劑，用來防止顆粒或粉狀食品聚集結塊，保持它們的鬆散或自由流動。我們日常所食用的食鹽、小麥粉、蔗糖、元宵粉等是容易吸溼結塊的食品原料，需要新增顆粒細微、鬆散多孔、吸附力強的食品抗結劑，用以吸附原料中容易導致形成結塊的水分、油脂等，來保持食品的粉末或顆粒狀態，以利於使用。被膜劑是指塗抹於食品外表，發揮保質、保鮮、上光、防止水分蒸發等作用的物質。主要應用於水果、蔬菜、軟糖、雞蛋等食品的保鮮。果蠟就是一種被膜劑，塗抹於水果的表面，用於水果保鮮，既可以抑制水分蒸發，又可以防止微生物侵入。

（3）保持營養

食物攝取的根本目的是為了提供各種營養成分。有一些食品添加劑也與食物的營養功能有關，如食品營養強化劑和水分保持劑。

食品營養強化劑是指為增強營養成分而加入食品中的天然的或人工合成的屬於天然營養素範圍內的食品添加劑。營養強化劑主要有：礦物質類、維生素類、氨基酸類和其他營養素類等。水分保持劑是為了在食品加工中保持肉類及水產品的水分，增強原料的水分穩定性和持水性而加入的食品添加劑。水分保持劑主要是磷酸鹽類物質，另外還有乳酸鹽、甘油、丙二醇、麥芽糖精、山梨糖醇和聚葡萄糖等。

（4）方便加工

　　有一些食品添加劑是為了滿足食品加工工藝的需求而加入食品體系中的，這些食品添加劑包括消泡劑、膨鬆劑、酶製劑、增稠劑、乳化劑、凝固劑和麵粉處理劑等。

　　消泡劑是在食品加工過程中用來降低表面張力、消除泡沫的物質。自然消泡需要很長時間，需要使用消泡劑實現快速消泡以滿足食品加工生產的要求。膨鬆劑，又稱疏鬆劑，是在食品加工過程中加入的，能使產品發起形成緻密多孔組織，從而使製品具有膨鬆、柔軟或酥脆的物質。食品添加劑中的酶製劑，是從生物中提取的具有酶特性的一類物質。食品酶製劑的獨特之處，就是可以催化食品加工過程中各種化學反應，改進食品加工方法。增稠劑是可以提高食品的黏稠度或形成凝膠，從而改變食品的物理性狀，賦予食品黏潤、適宜的口感，並兼有乳化、穩定或使其呈懸浮狀態的物質。乳化劑是能改善乳化體中各種構成相之間的表面張力，形成均勻分散體或乳化體的物質。凝固劑是使食品結構穩定、使加工食品的形態固化、降低或消除其流動性、且使組織結構不變形、增加固形物而加入的物質。

　　麵粉處理劑是使麵粉增白和提高焙烤製品品質的一類食品添加劑。剛磨好的小麥麵粉由於帶有一些胡蘿蔔素之類的色素而呈淡黃色，形成的生麵糰呈現黏結性，不便於加工或焙烤。但麵粉在貯藏後會慢慢變白，並經歷老化或成熟過程，其焙烤效能會有所改善。然而在自然情況下，這一過程進行得相當緩慢，如果讓其自然成熟，需大量的倉庫，而且儲存不善，易發霉變質。採用化學處理方法可以加速這些自然成熟過程，並且增強酵母的發酵活性和防止陳化。這些用於化學處理的物質即為麵粉處理劑。

▶ 天然食品添加劑與合成食品添加劑的異同

　　從上一小節我們知道了食品添加劑按功能可以分為很多類別，但如果按來源來劃分，則可以簡單地分為天然和合成兩大類別。天然的食品添加劑指以動植物為原料，利用物理方法或生物技術所獲得的產品；而合成的食品添加劑則指透過化學合成的方式製備所得的產品。很多人以為天然的產品安全性更好。實際情況果真如此嗎？天然的和合成的產品到底有沒有區別？下面我們從化合物分子層面來認識一下天然的與合成的食品添加劑的異同。

　　首先，對於同一個食品添加劑化合物，以動植物為原料透過物理的方法或生物技術方法獲得的天然產品，其 ^{14}C 同位素的含量與大氣中的是一致的，而以石化資源為原料透過化學合成方法獲得的合成產品，其 ^{14}C 同位素的含量則因為石化資源形成年代久遠，^{14}C 同位素因發生衰變而低於大氣中的含量。因此對於同一個食品添加劑化合物，天然來源的 ^{14}C 同位素的含量要高於合成來源的產品。^{14}C 同位素的測定是目前市場上對天然產品和合成產品進行鑑別的一種非常重要的方法。

　　其次，很多手性的食品添加劑化合物在自然界中通常是單一的某種構型，而普通化學合成的則為消旋體混合物。大家可能都喜歡薄荷味的口香糖，喜歡其薄荷的香味和它帶來的清涼的感覺，而這種香味和涼感是由一種叫薄荷醇的化合物提供的。該化合物分子中含有 3 個手性中心，存在 8 個立體異構體，天然存在於植物薄荷中的薄荷醇都是（1R，3R，4S）- 構型的立體異構體（圖 10.23）。要得到單一構型的（1R，3R，4S）- 薄荷醇，則要利用不對稱合成技術方法，選擇性地得到該構型的薄荷醇。由於不對稱合成技術通常成本較高，由該合成技術製備光學活性的手性食品添加劑化合物目前還不是很普遍。因此對於人工合成

的手性食品添加劑化合物，除了少數產品是單一構型外，大多數還是消旋體的混合物。

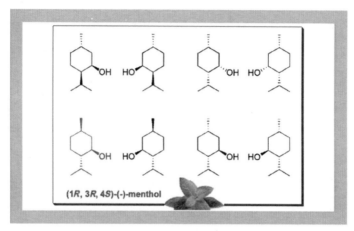

圖 10.23 薄荷醇的 8 個立體異構體

在從分子層面了解了天然和合成食品添加劑化合物的區別後，我們再回到大家關注的安全性問題。天然產品和人工合成品中 ^{14}C 同位素含量有微量的差別，由此而產生的安全性方面的區別是完全可以忽略不計的。雖然我們知道手性化合物的不同立體異構體通常會表現出不同的生理活性，但以消旋體形式使用的人工合成的手性化合物食品添加劑都是在透過了嚴格的安全性評價之後才得以應用的，因此其安全性是有保障的。

除了我們所關注的安全性問題外，手性食品添加劑化合物的不同立體異構體還有可能呈現不同的感官特性。如前面我們提到的手性香料薄荷醇分子，在其 8 個立體異構體中只有（1R，3R，4S）- 構型具有良好的薄荷味和清涼感。因此，目前對於手性食品添加劑化合物立體異構體的製備方法以及立體結構對感官特性影響的研究非常活躍。

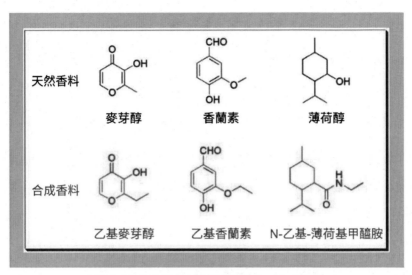

圖 10.24 非天然存在的代表性的人工合成香料

　　另外還有一個概念我們也必須清楚，人工合成的食品添加劑化合物並不一定都是天然存在的。幾個代表性的例子如圖 10.24 所示。如產量最大的合成香料品種之一乙基麥芽醇，就是對天然存在的麥芽醇的分子結構進行修飾後得到的香料化合物，其具有很甜的焦香，香氣強度是天然存在麥芽醇的 4 ～ 6 倍。類似的例子還有乙基香蘭素，其結構也是衍生自天然存在的香料化合物香蘭素，而其香氣強度大約是天然香蘭素的 3 倍。著名的人工合成香料 N- 乙基 - 薄荷基甲醯胺（WS-3）也是一個非常具有代表性的例子，它是對薄荷醇的醇羥基經過有機合成衍生後得到的產物，其清涼感大約是薄荷醇的 1.5 倍，但同時又避免了天然薄荷醇的灼燒感。這幾個香料化合物的結構都是在天然存在的香料化合物基礎上衍生的，但是比天然的產物具有更好的感官特性。這一點和藥物的開發非常類似。當然這些非天然存在的合成品在正式進入市場前也都經過了嚴格的安全性評價程序。

10.4
食物之魅與化學工程 ···

　　隨著社會不斷發展進步，社會分工不斷明確，食物的消費、製作模式發生了極大的變化。家庭廚房式的製作方式遠不能滿足現代人們的需求，大規模的工業化生產已經發展成為食品加工的重要方式。工業化的食品加工過程正是以化學工程技術為基礎的。古代蒸餾酒釀造業可以說是化學工業的雛形，蒸餾酒生產工藝中的糖化、發酵、蒸餾過程就屬於典型的化工反應和分離過程。飲食文化中其他一些特色產品如食醋、醬油等的生產也離不開化學工程技術。在前面內容中提到的在現代食品加工中非常重要的食品添加劑，無論是天然的還是合成的產品，在其工業化的生產過程中，反應、提取、分離、純化等基本的化工過程是必不可少的。

　　以大家熟悉的薄荷腦為例，天然薄荷腦就是從植物薄荷中提取的。1kg 的薄荷約含 5g 左旋薄荷腦，另外還含有上百種其他化合物。要從植物薄荷中得到高純度的左旋薄荷腦，就要透過化工分離技術。第一步，首先將薄荷莖、枝、葉經水蒸氣蒸餾得到薄荷油；第二步，將薄荷油冷凍後析出結晶，再離心得到晶體；最後用低沸點溶劑重結晶就可以得到 90% 以上純度的左旋薄荷腦。要得到更高純度的左旋薄荷醇（比如99.5% 以上），就需要反覆多次的重結晶。

　　對於天然薄荷腦的生產，大家可以做一個簡單的數學計算，1kg 薄荷腦的純品至少需要 200kg 的薄荷植物，其生產效率和成本可想而知。另一方面，天然薄荷腦的市場供應還會受到氣候條件影響經常波動。相比之下，化學合成薄荷腦更具有優勢。因此化學合成薄荷腦也是另一個

重要的市場來源，約占一半的市場占比。由於薄荷腦分子存在 8 個立體異構體，要製備其中的一個具有涼爽清新口感的異構體有很高的技術難度。合成薄荷腦的生產技術目前全球只有三家公司掌握，包括德國的德之馨、巴斯夫以及日本的高砂鑑臣，三家公司分別採用手性拆分或不對稱合成技術（圖 10.25）[8]。

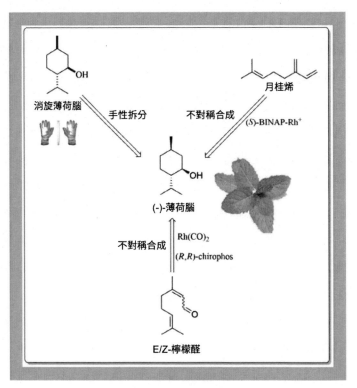

圖 10.25 人工合成薄荷腦

在前面的內容裡我們了解到令人垂涎的肉香的一個重要成分是 2- 甲基 -3- 呋喃硫醇。這個香味化合物在肉類食品中含量很低，提取 1g 就需要成噸的鮮肉。很顯然，這個重要的肉香味化合物不能像薄荷腦那樣透過天然提取的方法來製備，工業上只能透過化學合成這一途徑來獲得。

10.5
展望

　　各種不同化學物質的組合構成了我們食物千變萬化的色、香、味體系，而化學反應是該體系建立之根本。化學物質及化學反應密切地參與到食物製作的各個環節，古往今來，無不如此。我們只有充分認識了在食品體系中所發生的各種化學反應及相關化學成分，才有可能對食物的色、香、味做出進一步的改善和提高。社會的發展進步使得食品成為工業化加工產品，化學工程技術在食品加工過程中發揮著重要的作用。而食品添加劑是現代食品加工業不可缺少的組成部分，我們必須以科學的態度來看待食品添加劑的各個方面。關於食品添加劑的安全問題，儘管我們已經了解到人工合成的和天然的沒有區別，但我們也不能完全忽視市場對天然產品的需求。這種需求在相當程度上源自於消費者的一種心理需求，但它卻是合理存在的。天然產品的發展是一種必然的趨勢，但目前我們還面臨各式各樣的技術問題，使得很多天然食品添加劑生產成本過高，難以實現工業化。與食品美味及安全相關的很多本質問題是化學問題，這些問題必須依賴化學及化學工程技術的方法予以解決。為了讓食物更加美味、豐富、健康、安全，需要大家共同努力，投身於化學化工的科學研究，促進化學化工學科的發展和進步。

圖片來源

[01] 圖 1.4 狄升斌博士提供

[02] 圖 1.5 狄升斌博士提供

[03] 圖 1.7 清華大學程易老師提供：張李超·多顆粒轉鼓體系模式形成的模擬·清華大學本科綜合論文訓練，2007

[04] 圖 1.10 邱小平博士提供

[05] 圖 2.3 孫本惠，孫斌，功能膜及其應用 [M]. 北京：化學工業出版社，2012：121，圖 5-21.

[06] 圖 2.33 清華大學王保國教授畫

[07] 圖 2.34 清華大學王保國教授畫

[08] 圖 3.2 Science 297, 787–792（2002）.

[09] 圖 3.3 Nature 1991，354, 56–58. c. 不詳·

[10] 圖 3.4 Nano Lett. 2010, 10, 9, 3343-3349.

[11] 圖 3.10 carbon, 2003.

[12] 圖 3.16 Nanoscale, 2013, 5, 3367.

[13] 圖 3.20 ACS Nano. 2010, 4, 5095-5100.

[14] 圖 3.22 Nature 2000, 405, 681.

[15] 圖 3.23 Science, 2008,322,238.

[16] 圖 3.24 Nanoscale, 2016, 8, 4588-4598.

[17] 圖 3.26 ACS Nano 2009, 3（10）：3221-3227.

[18] 圖 4.3 https://www.nobelprize.org/uploads/2018/06/popular-physic-sprize 2010-1.pdf

[19] 圖 4.4 https://asbury.com/resources/education/graphite-101/structural-

圖片來源

description

[20] 圖 4.13 Chen L, Shi G, Shen J, et al. Ion Sieving in Graphene Oxide Membranes via Cationic Control of Interlayer Spacing[J]. Nature, 2017, 550, 380-383.

[21] 圖 4.19 Ge J, Shi L A, Wang Y C, et al. Joule-Heated Graphene-Wrapped Sponge Enables Fast Clean-Up of Viscous Crude-Oil Spill[J]. Nat Nanotech, 2017, 12, 434-440.

[22] 圖 4.20 Novoselov K S, Fal'ko V I, Colombo L, et al. A Roadmap for Graphene[J].Nature, 2012, 490, 192-200.

[23] 圖 4.21 Hirata M, Gotou T, Horiuchi S, et al. Thin-Film Particles of Graphite Oxide 1： High-Yield Synthesis and Flexibility of the Particles[J]. Carbon, 2004, 42, 2929-2937.

[24] 圖 4.23 鄒志宇，戴博雅，劉忠範·石墨烯的化學氣相沉積生長與過程工程學研究 [J]· 中國科學：化學 ·2013，43（1）： 1-17·

[25] 圖 5.5 Mera H, Takata T. High-performance fibers, Ullmann's encyclopedia of industrial chemistry, 2012, 17：573.

[26] 圖 5.7 Yan H C, Li J L, Tian W T, He L Y, Tuo X L, Qiu T. A new approach to the preparation of poly（p-phenylene terephthalamide）nanofibers, RSC Adv, 2016, 6：26599.

[27] 圖 5.9 Lee J.-H. et al. High strain rate deformation of layered nanocomposites. Nat.Commun. 2012，3：1164 doi： 10.1038/ncomms 2166.

[28] 圖 5.16 Nature, 2003, 425, 145.

[29] 圖 5.23 Ming Zhong, Xiao-Ying Liu, Fu-Kuan Shi, Li-Qin Zhang, Xi-Ping Wang, Andrew G. Cheetham, Honggang Cui and Xu-Ming Xie.

Self-healable, tough and highly stretchable ionic nanocomposite physical hydrogels[J]. Soft Matter, 2015,11, 4235.

[30] 圖 5.24 Xiao-Ying Liu, Ming Zhong, Fu-Kuan Shi, Hao Xu & Xu-Ming Xie.Multi-bond network hydrogels with robust mechanical and self-healable properties[J].Chin J Polym Sci, 2017, 35, 1253.

[31] 圖 5.25 Yan Huang, Ming Zhong, Yang Huang, Min-Shen Zhu, Zeng-Xia Pei, Zi-Feng Wang, Qi Xue, Xu-Ming Xie, Chun-Yi Zhi. A self-healable and highly stretchable supercapacitor based on a dual crosslinked polyelectrolyte[J]. Nat Commun, 2015, 6,10310.

[32] 圖 5.38 J. Am. Chem. Soc. 2009, 131,11274.

[33] 圖 7.5 根據 https://www.scientificpsychic.com/etc/timeline/atmosphere-composition.html 圖重新繪製

[34] 圖 9.7 清華大學化工系余慧敏教授課程 ppt

[35] 圖 9.20 Zhu, Yushan. Mixed-Integer Linear Programming Algorithm for a Computational Protein Design Problem[J]. Ind.eng.chem.res,2007, 46（3）：839-845.

[36] 圖 9.22 http://www.im.cas.cn/jgsz2018/yjtx/gywswyswjsyjs/201911/t20191113_5430831.html

[37] 圖 9.31 Li R, Wijma H J, Song L, et al.Computational redesign of enzymes for regio-and enantioselective hydroamination.[J]. Nature Chemical Biology, 2018, 14（7）.

[38] 圖 9.33 Li R, Wijma H J, Song L, et al.Computational redesign of enzymes for regio-and enantioselective hydroamination.[J]. Nature Chemical Biology, 2018, 14（7）.

參考文獻

01

[01] RAMKRISHNA D, AMUNDSON N R. Mathematics in chemical engineering：A 50 year introspection[J]. AIChE Journal, 2004, （50）：7-23.

[02] 狄升斌·基於浸入邊界法的複雜流動多尺度模擬 [D]· 北京：中國科學院過程工程研究所，2015·

[03] HILL K M, GIOIA G, AMARAVADI D. Radial segregation patterns in rotating granular mixtures： Waviness selection[J]. Physical Review Letters, 2004, （93）：224301.

[04] 趙永誌，程易·水平滾筒內二元顆粒體系徑向分離模式的數值模擬研究 [J]· 物理學報，2008，（57）：322-328·

[05] REN X, XU J, QI H, et al. GPU-based discrete element simulation on a tote blender for performance improvement[J]. Powder Technology, 2013, （239）：348-357.

[06] 徐驥，盧利強，葛蔚，等·基於 EMMS 正規化的離散模擬及其化工應用 [J]· 化工學報，2016，（67）：14-26·

[07] LI J, TUNG Y, KWAUK M. Method of energy minimization in multi-scale modeling of particle-fluid two-phase flow, in： P. Basu, Large, J.F. （Ed.） Circulating Fluidized Bed Technology II [C].New York： Pergamon Press, 1988：75-89.

[08] LI J, KWAUK M. Particle-Fluid Two-Phase Flow—The Energy-Minimization Multi-Scale Method[M]. Beijing： Metallurgical Industry Press, 1994.

[09] 李靜海，歐陽潔，高士秋，等·顆粒流體複雜系統的多尺度模擬 [M]· 北京：科學出版社，2005·

[10] LI J, GE W, WANG W, et al. From multiscalemodeling to meso-science[M].Berlin Heidelberg：Springer, 2013.

[11] GE W, WANG W, YANG N, et al.Meso-scale oriented simulation towards virtual process engineering（VPE）—The EMMS Paradigm[J]. Chemical Engineering Science, 2011,（66）：4426-4458.

[12] LIU X, GUO L, XIA Z, LU B, ZHAO M, MENG F, LI Z, LI J. Harnessing the power of virtual reality [J]. Chemical Engineering Progress, 2012,（108）28-33.

[13] 陳飛國，葛蔚，王小偉，等·基於 GPU 的多尺度離散模擬平行計算 [M]· 北京：科學出版社，2009·

[14] 葛蔚，曹凝·高效能低成本多尺度離散模擬超級計算應用系統 [J]· 中國科學院院刊，2011，（26）：473-477·

[15] 魯波娜，程從禮，魯維民，等·基於多尺度模型的 MIP 提升管反應歷程數值模擬 [J]· 化工學報，2013：1983-1992·

[16] ZHANG N, LU B, WANG W, et al.3D CFD simulation of hydrodynamics of a 150 MWe circulating fluidized bed boiler[J]. Chemical Engineering Journal,2010,（162）：821-828.

[17] ZHANG J, HU Z, GE W, et al.Application of the discrete approach to the simulation of size segregation in granular chute flow[J]. Industrial and Engineering Chemistry Research, 2004,（43）：5521-5528.

[18] LIU X, GE W, XIAO Y, et al. Granular flow in a rotating drum with gaps in the side wall[J]. Powder Technology, 2008,（182）：241-249.

[19] WANG L, ZHOU G, WANG X, et al.Direct numerical simulation of particle–fluid systems by combining time-driven hard-sphere model and lattice Boltzmann method[J]. Particuology, 2010,（8）：379-382.

[20] XU J, WANG X, HE X, et al. Application of the Mole-8.5 supercomputer： Probing the whole influenza virion at the atomic level[J].Chinese Science Bulletin, 2011,（56）：2114-2118.

[21] 李曦鵬‧縫洞型油藏的多尺度模擬 [D]‧北京：中國科學院過程工程研究所，2013‧

02

[01] 劉岩，李志東，蔣林時‧膜生物反應器（MBR）處理廢水的研究進展 [J]‧長春理工大學學報（自然科學版），2007,（1）：98-101‧

[02] 鄒晶‧膜技術在德國 [J]‧世界環境，2005,（5）：70-76‧

[03] 齊靖遠‧21 世紀重大的產業技術 —— 膜技術 [J]‧高科技與產業化，1996,（5）：24-29‧

[04] 王愛勤‧膜技術及其在環境保護中的應用 [J]‧甘肅環境研究與監測，1988,（3）：68-73‧

[05] 陳定茂‧廢水回用是乾旱地區的寶貴水資源 [J]‧環境科學，1988,（6）：86‧

[06] 葛孝髦‧膜技術在食品工業中的應用 [J]‧中國科技訊息，1993,（8）：32‧

[07] 王振宇‧膜技術在水處理中的應用前景 [J]‧環境保護科學，2005,（2）：24-26‧

[08] 朱海蘭，趙殿生‧膜技術在處理採礦和礦物加工廢水中的應用 [J]‧平頂山工學院學報，1996,（1）：22-25‧

[09] 黃加樂，董聲雄·中國膜技術的應用現狀與前景 [J]· 新材料產業，2001，（2）：3-6·

[10] 孫本惠·膜技術對經濟可持續化發展的影響 [J]· 現代化工，2007，（2）：8-11·

[11] 魏燕芳，陳盛·膜技術的研究進展和應用前景 [J]· 廣州化學，2003，（4）：55-58·

[12] 伍小紅·膜分離技術在食品工業中的應用 [J]· 食品研究與開發，2005，（2）：11-13·

[13] 曹廣棟·發展膜技術產業大有可為 [J]· 天津科技，1994，（3）：8-9·

[14] 羅兆龍·膜技術在水處理中的應用 [J]· 中國市政工程，2007，（1）：44-45·

[15] 張保成·中國膜技術的應用與展望 [J]· 中國科技訊息，2002，（24）：14-15·

[16] WANG Y, HE C C, XING, W H, et al.Nanoporous Metal Membranes with Bicontinuous Morphology from Recyclable Block-Copolymer Templates[J]. Adv Mater, 2010, 22（18）.

[17] CHEN C, YANG Q H, YANG Y, et al. Self-Assembled Free-Standing Graphite Oxide Membrane[J]. Adv Mater, 2009,21（9）：1-5.

[18] CHIU H C, LIN Y W, HUANG Y-F, et al.Polymer Vesicles Containing Small Vesicles within Interior Aqueous Compartments and pH-Responsive Transmembrane Channels[J].Angew Chem Int Ed, 2008,47（10）：1875-1878.

[19] WANG K X, ZHANG W H, PHELAN R, et al. Direct Fabrication of Well-Aligned Free-Standing Mesoporous Carbon Nanofiber Arrays on

Silicon Substrates[J]. J Am Chem Soc, 2007,129（44）：13388-13889.

[20] CORRY B. Designing Carbon Nanotube Membranes for Efficient Water Desalination[J]. J Phys Chem B, 2008,112（5）：1427-1434.

[21] 徐南平 · 無機膜分離技術與應用 [M]· 北京：化學工業出版社，2003·

[22] R Rautenbach. 膜工藝 —— 元件和裝置設計基礎 [M]. 北京：化學工業出版社，1998.

[23] 尹芳華，鍾璟 · 現代分離技術 [M]· 北京：化學工業出版社，2009·

[24] 高以烜 · 高速發展的膜分離技術 [J]· 食品工業科技 ·1997（5）：78·

[25] 王曉琳，丁寧 · 反滲透和納濾技術與應用 [M]· 北京：化學工業出版社，2005·

[26] 徐光憲，21 世紀是訊息科學、合成化學和生命科學共同繁榮的世紀 [文獻型別不詳]. 中國科學院，2004.

[27] 陳翠仙，韓賓兵，朗寧威 · 滲透蒸發和蒸汽滲透 [M]· 北京：化學工業出版社，2004·

[28] 美國 The Freedonia Group，Inc. 市場調研報告 [文獻型別不詳]·2013.

[29]（http://www.market.com/Freedonia-Group-Ine-V1247/Membrane-Separation-Technologies-7616873）

[30] QIN P, HONG X, KARIM M N, et al.Preparation of Poly（phthalazinone-ether-sulfone）Sponge-Like Ultrafiltration Membrane[J]. Langmuir, 2013, 29（12）：4167-4175.

[31] QIN P, HAN B, CHEN C, et al. Poly（phthalazinone ether sulfone ketone）properties and their effect on the membrane morphology and performance[J].Desalination and Water Treatment, 2009,11（1-3）：157-166.

[32] LI X, CHEN C, LI J, et al. Effect of ethylene glycol monobutyl ether on skin layer formation kinetics of asymmetric membranes[J]. Journal of Applied Polymer Science, 2009, 113（4）：2392-2396.

[33] QIN P, HAN B, CHEN C, et al.Performance control of asymmetric poly（phthalazinone ether sulfone ketone）ultrafiltration membrane using gelation[J].Korean Journal of Chemical Engineering,2008, 25（6）：1407-1415.

[34] QIN P, CHEN C, HAN B, et al.Preparation of poly（phthalazinone ether sulfone ketone）asymmetric ultrafiltration membrane：II. The gelation process[J].Journal of membrane science, 2006,268（2）：181-188.

[35] QIN P, CHEN C, YUN Y, et al.Formation kinetics of a polyphthalazine ether sulfone ketone membrane via phase inversion[J]. Desalination, 2006, 188（1）：229-237.

[36] 蘇儀·TIPS 法製備 PVDF 微孔膜的研究 [R]· 北京：清華大學博士後研究報告，2006，6·

[37] 郭紅霞·親水性 PE 中空纖維微孔膜的研究 [R]· 北京：清華大學博士後研究報告，2005·

[38] 劉永浩，衣寶廉，張華民·質子交換膜燃料電池用 Nafion/SiO$_2$ 複合膜 [J]· 電源技術，2005，29（2）：92-95·

[39] 劉富強，衣寶廉，邢丹敏，等 [P].CN1，416，186A（2003）．

[40] 于景榮，衣寶廉，邢丹敏，等·燃料電池用磺化聚苯乙膜降解機理及其複合膜的初步研究 [J]· 高等學校化學學報，2002（9）：1792-1796·

[41] WANG B G，LONG F, FAN Y S，Liu P.A method for manufacture proton conductivemembrane[P]. CN, 2009100770246, 2011-05-11.

[42] WANG B G, QING G, LIU P, FAN Y S. Preparation of ion conductive membrane with interpenetration network（IPN）using polymerizable ionic liquids（PILs）[P]. China, 2009，10088228,2009-12-30.

[43] 李冰洋，吳旭冉，郭偉男，等·液流電池理論與技術 —— PVDF 質子傳導膜的研究與應用 [J]· 儲能科學與技術，2014，3（1）：67-70·

[44] 孫本惠，孫斌·功能膜及其應用 [M]· 北京：化學工業出版社，2012·

[45] 陳翠仙，郭紅霞，秦培勇·膜分離 [M]· 北京：化學工業出版社，2017·

03

[01] IIJIMA, S. Helical microtubules of graphitic carbon[J]. Nature, 1991,354（6348）：56–58.

[02] Yu X C, ZHANG J, CHOI W M, et al. Cap Formation Engineering：From Opened C_{60} to Single-Walled Carbon Nanotubes[J]. Nano Lett, 2010,10（9）：3343-3349.

[03] BAUGHMAN R H, ZAKHIDOV A A, DE HRRE, et al. Carbon nano-tubes—the route toward Applications[J]. Science, 2002,（297）：787-792.

[04] VIGOLO, B. et al. Macroscopic fibers and ribbons of oriented carbon nanotubes[J].Science, 2000,290（5495）：1331-1334.

[05] C C CHANG, I K HSU, M AYKOL, et al. A new lower limit for the ultimate breaking strain of carbon nanotubes[J]. ACS Nano, 2010,4（9）：5095-5100.

[06] L X ZHENG, M J O』CONNELL, S K DOORN, et al. Ultralong single-wall carbon nanotubes[J].Nature materials, 2004,（3）: 673-676.

[07] K AUTUMN, Y A LIANG, S T Hsieh, et al.Adhesive force of a single gecko foot-hair[J].Nature, 2000,405（6787）: 681-685.

[08] L T QU, L M DAI, M STONE, et al. Carbon nanotube arrays with strong shear binding-on and easy normal lifting-off[J]. Science 2008,322（5899）: 238-242.

[09] Q Wen, W Z Qian, J Q NIE, et al. 100mm Long, Semiconducting Triple-Walled Carbon Nanotubes[J]. Adv. Mater. 2010,（22）: 1867-1871.

[10] M KHODAKOVSKAYA, E DERVISHI, M MAHMOOD, et al. Carbon nanotubes are able to penetrate plant seed coat and dramatically affect seed germination and plant growth[J]. ACS Nano 2009,3（10）: 3221–3227.

04

[01] 劉超·材料促進了人類文明的產生 [J]· 新材料產業，2016，266（01）: 66-71·

[02] 任文才，成會明·石墨烯：豐富多彩的完美二維晶體 —— 2010 年度諾貝爾物理學獎敘述 [J]· 物理，2010，39（12）: 57-61·

[03] Geim A K. Graphene Prehistory[J].Phys Scr, 2012, T146, 014003.

[04] Novoselov K S, Geim A K, Morozov S V, et al. Electric Field Effect in Atomically Thin Carbon Films[J]. Science, 2004, 306,666-669.

[05] Geim A K. Random Walk to Graphene[J]. Int J Mod Phys B, 2011, 25, 4055-4080.

[06] http://blog.sciencenet.cn/blog-669282-717983.html

[07] 陳永勝，黃毅，等·石墨烯：新型二維碳奈米材料 [M]·北京：科學出版社，2013·

[08] [8]（英）沃納，等·石墨烯：基礎及新興應用 [M]·付磊，曾夢琪，等譯·北京：科學出版社，2015·

05

[01] MERA H, TAKATA T. High-performance fibers[J]. Ullmann 』 s Encyclopedia of Industrial Chemistry, 2012, （17）：573.

[02] YAN H C, LI J L, TIAN W T, et al. A new approach to the preparation of poly（p-phenylene terephthalamide）nanofibers[J].RSC Advance, 2016, （6）：26599.

[03] LEE J H, VEYSSET D, SINGER J P, et al. High strain rate deformation of layered nanocomposites[J]. Nature Communication, 2012, （3）：1164.

[04] ZHOU H J, YANG G W, ZHANG Y Y, et al. Bioinspired Block Copolymer for Mineralized Nanoporous Membrane[J].ACS Nano, 2018, （12）：11471-11480.

[05] LIU H Y, DAI Z H, XU J, et al. Effect of silica nanoparticles/poly（vinylidene fluoride-hexafluoropropylene）coated layers on the performance of polypropylene separator for lithium-ion batteries[J].Journal of Energy Chemistry, 2014, （23）：582-586.

[06] YU Y L, NAKANO M, IKEDA T. Directed bending of a polymer film by light-Miniaturizing a simple photomechanical system could expand its

range of applications[J]. Nature, 2003, （425）：145.

[07] KONDO M, YU Y L, IKEDA T. How does the initial alignment of mesogens affect the photoinduced bending behavior of liquid-crystalline elastomers?[J]. Angew Chem Int Ed, 2006, （45）：1378-1382.

[08] CHENG F, YIN R, ZHANG Y, et al. Fully plastic microrobots which manipulate objects using only visible light[J]. Soft Matter, 2010, （6）：3447-3449.

[09] HE Y N, WANG X G, ZHOU Q X. Epoxy-based azo polymers：synthesis, characterization and photoinduced surface-relief-gratings[J].Polymer, 2002, （43）：7325-7333.

[10] ZHONG M, SHI F K, LIU Y T, et al.Tough superabsorbent poly（acrylic acid）nanocomposite physical hydrogels fabricated by a dually cross-linked single network strategy[J].Chinese Chemical Letters, 2016, （27）：312-316.

[11] ZHONG M, LIU X Y, SHI F K, et al.Self-healable, tough and highly stretchable ionic nanocomposite physical hydrogels[J]. Soft Matter, 2015, （11）：4235 -4241.

[12] LIU X Y, ZHONG M, SHI F K, et al. Multi-bond network hydrogels with robust mechanical and self-healable properties[J]. Chinese Journal of Polymer Science, 2017, （35）：1253-1267.

[13] HUANG Y, ZHONG M, HUANG Y, et al. An electrochemically completely self-healable or 600% highly stretchable supercapacitor based on a dual cross-linked polyelectrolyte[J]. Nature Communication, 2015, （6）：10310.

[14] HUAGN Y, ZHONG M, SHI F K, et al.An intrinsically stretchable and compressible supercapacitor containing a polyacrylamide hydrogel electrolyte[J]. Angewandte Chemie International Edition, 2017,（56）：9141-9145.

[15] RATNER B D, HOFFMAN A S, SCHOEN F J, et al. Biomaterials Science[M]. 2nd ed.Elsevier, 2014.

[16] 黃延賓·藥物遞送中的高分子原理 [J]· 高分子通報，2011，（4）：136-143·

[17] 李筱榮·白內障與人工晶狀體 [M]· 北京：人民衛生出版社，2011·

[18] 馬光輝，蘇志國·聚乙二醇修飾藥物 [M]· 北京：科學出版社，2016·

[19] HARRIS J M, CHESS R B. Effect of PEGylation on pharmaceutics[J]. Nature Reviews Drug Discovery, 2002,（2）：214-221.

[20] TURECEK P L, BOSSARD M J, SCHOETENS F, et al. PEGylation of biopharmaceutics： a review of chemistry and nonclinical safety information of approved drugs[J]. Journal of Pharmaceutical Science, 2016,（105）：460-475.

[21] BRUNSVELD L, FOLMER B J B, MEIJER E W, et al. Supramolecular polymers[J]. Chemical Review, 2001,（101）：4071-4097.

[22] MINKENBERG C B，FLORUSSE L，EELKEMA R, et al. Triggered self-assembly of simple dynamic covalent surfactants[J]. Journal of the American Chemical Society, 2009,（131）：11274-11275.

[23] VALKAMA S, KOSONEN H, RUOKOLAINEN J, et al. Self-assembled polymeric solid films with temperature-induced large and reversible photonic-bandgap switching[J]. Nature Materials,2004,（3）：872-876.

06

[01] 李燦·太陽能轉化科學與技術 [M]·北京：科學出版社，2020·

[02] GONG J, LI C, and WASIELEWSKI M R. Advances in solar energy conversion[J].Chemical Society Reviews, 2019, 48（7）：1862-1864.

[03] SHIH C F, ZHANG T, LI J, et al.Powering the future with liquid sunshine[J].Joule, 2018, 2（10）：1925-1949.

[04] GUAN J, DUAN Z, ZHANG F, et al. Water oxidation on a mononuclear manganese heterogeneous catalyst[J].Nature Catalysis, 2018,（1）：870-877.

[05] YE S, DING C, LIU M, et al. Water oxidation catalysts for artificial photosynthesis[J]. Advanced Materials, 2019, 31（50）：1902069.

[06] QI Y, ZHAO Y, GAO Y, et al. Redox-based visible-light-driven Z-scheme overall water splitting with apparent quantum efficiency exceeding 10%[J].Joule, 2018, 2（11）：2393-2402.

[07] WANG Y, ZHANG Z, ZHANG L, et al. Visible-light driven overall conversion of CO_2 and H_2O to CH_4 and O_2 on 3D-SiC@2D-MoS_2 heterostructure[J].Journal of the American Chemical Society,2018, 140（44）：14595-14598.

[08] WANG J, LI G, LI Z, et al. A highly selective and stable ZnO-ZrO_2 solid solution catalyst for CO_2 hydrogenation to methanol[J]. Science Advances, 2017,3（10）：e1701290.

07

[01] IPCC 第五次評估報告 [R]. 政府間氣候變化專門委員會（IPCC），2014，http：//www.ipcc.ch/activities/activities.shtml.

[02] Final scientific/technical report of W.A. Parish post-combustion CO_2 capture and sequestration demonstration project [R]. National Energy Technology Laboratory, U.S. Department of Energy, 2020.

[03] 吳秀章·中國二氧化碳捕集與地質封存首次規模化探索 [M]· 北京：科學出版社出版，2013·

[04] M D AMINU, S A NABAVI, C A ROCHELLE, et al. A review of developments in carbon dioxide storage [J]. Applied Energy, 2017, （208）: 1389-1419.

[05] 陳兵，肖紅亮，李景明，等·二氧化碳捕集、利用與封存研究進展 [J]· 應用化工，2018，47（3）：589-592·

[06] A BACCINI W WALER, L CARVALHO, et al.Tropical forests are a net carbon source based on aboveground measurements of gain and loss[J]. Science, 2017, （358）: 230-234.

[07] S A RAZZAK, M M HOSSAIN, R A LUCKY, et al. Integrated CO_2 capture, wastewater treatment and biofuel production by microalgae culturing-A review [J]. Renewable & Sustainable Energy Reviews, 2013, （27）: 622-653.

[08] 許大全，陳根雲·展望人工光合作用 [J]· 植物生理學報，2018，54（7）：1145–1158·

[09] K K SAKIMOTO, A B WONG, P YANG. Self-photosensitization of nonphotosynthetic bacteria for solar-to-chemical production [J]. Sci-

ence,2016, 351（6268）：74-77.

[10] 胡永雲，田豐·前寒武紀氣候演化中的三個重要科學問題 [J]· 氣候變化研究進展，2015，11（1）：44-53·

[11] E TAJIKA, T MATSUI. Evolution of terrestrial proto-CO_2 atmosphere coupled with thermal history of the earth [J]. Earth and Planetary Science Letters,1992, 113（1）：251-266.

[12] W SEIFRITZ CO_2 disposal by means of silicates [J]. Nature,1990, 345（7）：486.

[13] A SANNA, M UIBU, G CARAMANNA, et al.A review of mineral carbonation technologies to sequester CO_2[J]. Chemical Society Reviews,2014, 43（23）：8049-8080.

[14] F WANG, D B DREISINGER, M JARVIS, T Hitchins. The technology of CO_2 sequestration by mineral carbonation：current status and future prospects[J]. Canadian Metallurgical Quarterly,2108, 57（1）：46-58.

[15] K S LACKNER, C H WENDT, D P BUTT, et al. Carbon dioxide disposal in carbonate minerals [J]. Energy, 1995, 20（11）：1153-1170.

[16] 謝和平，嶽海榮，朱家驊，等·工業廢料與天然礦物礦化利用二氧化碳的基礎科學與工程應用研究 [J]·Engineering，2015，1（1）：150-157·

08

[01] GU S X, LI Z M, MA X D, et al. Chiral resolution, absolute configuration assignment and biological activity of racemic diarylpyrimidine CH（OH）-DAPY as potent nonnucleoside HIV-1 reverse transcriptase

inhibitors[J]. European Journal of Medicinal Chemistry, 2012, 53（19）：229-234.

[02] OSBORN J A, JARDINE F H, YOUNG J F, et al. The preparation and properties of tris（triphenylphosphine）halogenorhodium（I）and some reactions thereof including catalytic homogeneous hydrogenation of olefins and acetylenes and their derivatives[J]. Journal of the Chemical Society A：Inorganic, Physical, Theoretical, 1966,（12）：1711-1732.

[03] KNOWLES W S, SABACKY M J. Catalytic asymmetric hydrogenation employing a soluble optically active rhodium complex[J]. Chemical communications, 1968（22）：1445-1446.

[04] KNOWLES W S. Application of organometallic catalysis to the commercial production of L-Dopa[J]. Journal of Chemical Education,1986, 63（3）：222-225.

[05] 徐濛濛，徐嘉琪，張奇，等·氯黴胺類催化劑在有機反應中的應用研究進展 [J]·化學試劑，2018，（1）：31-39·

[06] XIAO Y C, Chen F E. Chloramphenicol base：A new privileged chiral scaffold in asymmetric catalysis[J]. ChemCatChem,2019, 11（8）：2043-2053.

[07] ZHU K, HU S, LIU M, et al. Collective total synthesis of the prostaglandin family via stereocontrolled organocatalytic Baeyer-Villiger oxidation[J]. Angew Chem Int Ed Engl, 2019,（58）：1-6.

[08] LI Z, WANG Z, MENG G, et al.Identification of an ene reductase from yeast Kluyveromyces Marxianus and application in the asymmetric synthesis of（R）-profen esters[J]. Asian Journal of Organic Chemistry,

2018, 7（4）：763-769.

[09] 郭紅超，丁奎嶺，戴立信·不對稱催化氫化的新進展：單齒磷配體的復興 [J]·科學通報，2004，49（16）：1575-1588·

[10] DINGWALL P, FUENTES J A, CRAWFORD L, et al. Understanding a hydroformylation catalyst that produces branched aldehydes from alkyl alkenes[J].J Am Chem Soc, 2017, 139（44）：15921-15932.

[11] CARBó J J, MASERAS F; BO C, et al.Unraveling the origin of regioselectivity in rhodium diphosphine catalyzed hydroformylation.A DFT QM/MM study[J]. Journal of the American Chemical Society, 2001, 123（31）：7630-7637.

<u>09</u>

[01] https://baike.baidu.com

[02] http://image.baidu.com

[03] http://www.rcsb.org

[04] 羅貴民·酶工程 [M]·2 版·北京：化學工業出版社，2008·

[05] 鄒國林·酶學 [M]·武漢：武漢大學出版社，1997·

[06] 曾偉川，許瑞安，曾慶友·β- 氨基酸合成研究進展 [J]·合成化學，2013，21（5）：634-644·

[07] 崔穎璐，吳邊·電腦輔助蛋白結構預測及酶的計算設計研究進展 [J]·廣西科學，2017，24（1）：1-6·

[08] LI R, WIJMA H J, SONG L, et al.Computational redesign of enzymes for regio-and enantioselective hydroamination[J]. Nature Chemical Biology, 2018, 14（7）.

[09] ROTHLISBERGER D, KHERSONSKY O, WOLLACOTT A M, et al. Kemp elimination catalysts by computational enzyme design[J].Nature 2008, （453）：190-195.

[10] HUANG X, XUE J, Zhu Y, et al.Computational design of cephradine synthase in a new scaffold identified from structural databases[J]. Chemical Communications, 2017,53（54）：7604-7607.

[11] Y TIAN, X HUANG, Q LI, et al. Computational design of variants for cephalosporin C acylase from Pseudomonas strain N176 with improved stability and activity[J]. Appl. Microbiol.Biotechnol. 2017,（101）：621-632.

[12] HE J, HUANG X, XUE J, et al. Computational Redesign of Penicillin Acylase for Cephradine Synthesis with High Kinetic Selectivity[J]. Green Chemistry, 2018, 20（24）：5484-5490.

[13] CAI D , ZHU C , CHEN S . Microbial production of nattokinase：current progress, challenge and prospect[J]. World Journal of Microbiology & Biotechnology, 2017, 33（5）：84.

10

[01] 安托卡倫·天然食用香料與色素 [M]·1 版，許學勤，譯·北京：中國輕工業出版社，2018·

[02] https://www.nobelprize.org/prizes/chemistry/1915/summary

[03] https://www.nobelprize.org/prizes/chemistry/ 1965/summary

[04] DAVID J ROWE. Chemistry and Technology of Flavors and Fragrances[M].Oxford： Blackwell Publishing Ltd, 1st ed,2005.

[05] 斯里尼瓦桑 達莫達蘭，柯克 L 帕金·食品化學 [M]·5 版·江波，
譯·北京：中國輕工業出版社，2020·

[06] E SCHLEICHER, V SOMOZA, P SCHIEBERLE The Maillard Reaction
[M].New Jersey： John Wiley & Sons, 1st ed,2008.

[07] 孫寶國·躲不開的食品新增劑 [M]· 北京：化學工業出版社，2017·

[08] 田紅玉·手性香料及其不對稱合成 [M]· 北京：化學工業出版社，
2011·

化學的未來視界！科技進步的交匯點，從基礎研究到產業應用：

碳奈米管到石墨烯，開啟新材料科學的大門，引領未來技術革命

主　　編：金湧

執行主編：楊基礎

發 行 人：黃振庭

出 版 者：崧燁文化事業有限公司

發 行 者：崧燁文化事業有限公司

E-mail：sonbookservice@gmail.com

粉 絲 頁：https://www.facebook.com/sonbookss/

網　　址：https://sonbook.net/

地　　址：台北市中正區重慶南路一段六十一號八樓 815
　　　　　室

Rm. 815, 8F., No.61, Sec. 1, Chongqing S. Rd., Zhongzheng
Dist., Taipei City 100, Taiwan

電　　話：(02)2370-3310

傳　　真：(02)2388-1990

印　　刷：京峯數位服務有限公司

律師顧問：廣華律師事務所 張珮琦律師

定　　價：450 元

發行日期：2024 年 04 月第一版

◎本書以 POD 印製

國家圖書館出版品預行編目資料

化學的未來視界！科技進步的交匯
點，從基礎研究到產業應用：碳奈
米管到石墨烯，開啟新材料科學的
大門，引領未來技術革命 / 金湧 主
編，楊基礎 執行主編 .-- 第一版 .
-- 臺北市：崧燁文化事業有限公司，
2024.04
面；　公分
POD 版
ISBN 978-626-394-206-6(平裝)
1.CST: 化學工程 2.CST: 材料科學
460　　　113004368

爽讀 APP

電子書購買

臉書